新概念阅读书坊

QUWEIDONG WU

趣 味 动 物

WANGGUODAFAXIAN

王国大发现

主编◎崔钟雷

JM 吉林美术出版社

图书在版编目（CIP）数据

趣味动物王国大发现 / 崔钟雷主编 . —长春：
吉林美术出版社，2011.2（2023.6 重印）
（新概念阅读书坊）
ISBN 978-7-5386-5233-8

Ⅰ . ①趣… Ⅱ . ①崔… Ⅲ . ①动物 – 青少年读物
Ⅳ . ① Q95–49

中国版本图书馆 CIP 数据核字（2011）第 015247 号

趣味动物王国大发现

QUWEI DONGWU WANGGUO DA FAXIAN

出 版 人	华 鹏	
策 划	钟 雷	
主 编	崔钟雷	
副 主 编	刘志远 于 佳 芦 岩	
责任编辑	栾 云	
开 本	700mm×1000mm 1/16	
印 张	10	
字 数	120 千字	
版 次	2011 年 2 月第 1 版	
印 次	2023 年 6 月第 4 次印刷	
出版发行	吉林美术出版社	
地 址	长春市净月开发区福祉大路 5788 号	
	邮编：130118	
网 址	www.jlmspress.com	
印 刷	北京一鑫印务有限责任公司	
书 号	ISBN 978-7-5386-5233-8	
定 价	39.80 元	

前　言

　　书，是那寒冷冬日里一缕温暖的阳光；书，是那炎热夏日里一缕凉爽的清风；书，又是那醇美的香茗，令人回味无穷；书，还是那神圣的阶梯，引领人们不断攀登知识之巅；读一本好书，犹如畅饮琼浆玉露，沁人心脾；又如倾听天籁，余音绕梁。

　　从生机盎然的动植物王国到浩瀚广阔的宇宙空间；从人类古文明的起源探究到21世纪科技腾飞的信息化时代，人类五千年的发展历程积淀了宝贵的文化精粹。青少年是祖国的未来与希望，也是最需要接受全面的知识培养和熏陶的群体。"新概念阅读书坊"系列丛书本着这样的理念带领你一步步踏上那求知的阶梯，打开知识宝库的大门，去领略那五彩缤纷、气象万千的知识世界。

　　本丛书吸收了前人的成果，集百家之长于一身，是真正针对中国少年儿童的阅读习惯和认知规律而编著的科普类书籍。全面的内容、科学的体例、精美的制作，上千幅精美的图片为中国少年儿童打造出一所没有围墙的校园。

编　者

目录

动物王国

DONGWU WANGGUO

动物基本知识

动物是自然界的重要组成部分，是人类的朋友，是人类在地球上相互依存的伙伴，但由于自然环境的改变和一些人为因素的影响，一些种类的动物已灭绝或濒临灭绝，这就要求人们更多地了解动物、保护动物，最终达到人与动物、人与自然的和谐相处。

 ## 什么是动物

动物——生物的一大类。这一类生物多以有机物为食。这类生物有神经，有感觉，能运动。它们有的简单到只有一个细胞，如原生动物草履虫；有的则由数万亿个细胞组成一个巨型有机体，如已经灭绝的恐龙。作为灵长类动物的人能够用智慧和劳动改变大自然。

 ## 动物与植物的区别

第一，动植物细胞结构的构成不同。植物细胞的结构中有细胞壁，而动物细胞没有细胞壁，大多数的植物细胞有液泡，而动物细胞大多没有；植物细胞中有叶绿体，叶绿体中含有叶绿素，能进行光合作用，动物细胞中没有叶绿体；动物细胞中有中心体，中心体与动物细胞的有丝分裂有关，只有较低等的植物体内才有中心体。

第二，形态结构特点的不同。最简单的植物只有一个细胞，随着进化的进程，由单细胞到多细胞，从多细胞的丝状体到叶状体，最后达到具有根、茎、叶、花、果实和种子的绿色开花植物；从结构层次上来讲，植物体分为细胞、组织、器官、植物体四个层次。根据植物体的形态和结构的不同，通常把植物类群划分为藻类植物、苔藓植物、蕨类植物、裸子植物和被子植物。最简单的动物也是由一个细胞构成，随着进化进程的不断加快，由单细胞的原生动物，到多细胞的腔肠动物，再到动物身体的分节、分部，进而身体分为头、颈、躯干、四肢、尾等高等动物；在结构层次上，动物体由细胞、组织、器官、系统和动物体这五个层次组成。

第三，新陈代谢的类型不同。植物体的细胞内有叶绿体，能利用阳光进行光合作用，也可以利用外界环境中的水、二氧化碳等无机物转变为有机物，变成自身的组成物质，并且释放氧气和储存能量，这种代谢类型属于自养型；光合作用是生物界最基本的物质代谢和能量代谢，它在整个生物界以至整个自然界中具有极其重要的意义；动物体内一般没有叶绿体，不能进行光合作用，不能直接利用无机物来制造有机物，只能从外界摄取现成的有机物及营养物质转变为自身的组成物质，从而储藏能量，这种新陈代谢的类型属于异养型。

第四，生殖方式的不同。植物体的生殖方式有营养繁殖、孢子繁殖和种子繁殖；动物体的生殖方式有分裂生殖、卵生、卵胎生和胎生哺乳。

第五，在生态系统中营养结构上的地位不同。在生态系统中，植物是生产者，绿色植物是地球万物赖以生存的"绿色工厂"。人类和动物的食物都直接或间接地来自光合作用制造的有机物；动物在生态系统中是消费者，直接或间接地以植物为食。

第六，排出废物的方式不同。动物和人通过多种方式将体内废物排出，出汗、呼出气体和排尿可以将体内的代谢最

终产物排出体外。另外动物体还可以通过胞肛、肛门等器官将体内不能消化的食物残渣排出体外；植物体也可以产生废弃物，枯枝和落叶能带走这些废物。

第七，应激性的灵敏度不同。动物对外界刺激所发生的反应是非常灵敏的，单细胞动物通过细胞本身或者细胞内专门的结构来完成。高等的脊椎动物的神经系统由三部分组成，即中枢神经系统、周围神经系统和感受器官。动物体的应激性十分灵敏，可以感知外界的各种变化；植物体对外界刺激所发生的反应迟缓，而且反应的机理与动物的不同，并且发生反应的机理也较复杂。

动物的眼睛

动物的眼睛是为适应它们的生存环境，经过长期的自然选择进化出来的。

弹涂鱼是一种奇特的动物，它虽然以在水里生活为主，但它们必须经常爬到岸边的树上，在陆地上待上几个小时，因为它们的眼睛是典型的陆地型眼睛，而它们生活的水域又大都是水质混浊的池塘，所以它们需要借助陆地的自然环境来恢复一下视力。

美洲中部湖泊里有一种四眼鱼，说是"四眼鱼"，实际上它们只有两只眼，四眼鱼眼睛的特别之处在于：瞳孔上下径伸长并被一层间隔将眼睛横截成两个部分，其透明介质上部的折射介质适应在空气中看东西，眼睛的下半部则适应于在水中观察。这种鱼能敏捷地跃出水面，捕食飞行的昆虫。

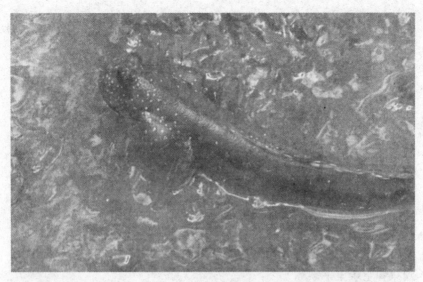

弹涂鱼

　　弹涂鱼是一种奇特的鱼类，长着一对灯泡似的眼睛，它们能够在泥地上蹦来蹦去，还能在红树林里快速地穿梭。

　　鸬鹚等一些飞禽既要在飞行中远望，又必须在水中捕鱼时看清近物，它们可以在极大的范围内调整晶状体的曲率。人类眼睛的折射率一般不足15 个屈光度，鸬鹚则高达 40 ~ 50 个。因此，它们既能在稠密的水草中搜寻小鱼，又能发现来自于高空中突袭的猛禽。

　　深海中生活或昼伏夜出的动物，眼睛都特别大，也非常灵敏。深海软体动物的眼睛，直径达 20 厘米，是具有延伸功能的套叠型眼睛，且瞳孔很大，可将尽可能多的光线收入眼底，在灵敏度极高的感光成分上聚焦。

　　动物的眼睛还具有反射功能，狼眼在夜色中阴森恐怖，其实它们的眼睛本身并不发光，但能反射进入眼睛的月光、星光等光线，并将这些光线汇集于眼睛的后表

鸬鹚

　　鸬鹚，又名水老鸦、鱼鹰，它们善于潜水，能在水中用长而带钩的嘴捕鱼。它们常常站立在水边一动不动，一旦发现水中的鱼，就会迅速飞起，一头扎进水里。

面上，以使它们的眼睛灼灼发光。

 ## 动物的牙齿

　　牙齿是动物生存的重要工具。脊椎动物的牙齿与软骨鱼类的某些种类同源，牙齿是由外胚层和中胚层组成的。鱼类的牙齿是伴随着鱼的上下颌的进化而产生的。

　　牙齿的最初机能只是捕捉及咬住食物，进化至哺乳类，牙齿逐渐具有切割、刺穿、撕裂和研磨等多种功能。动物牙齿进化的历程是由牙齿大小形状一致的同型齿发展到哺乳类的大小不一、功能不同的异型齿；由脱落后随即再生出的多出齿到哺乳类一生仅换一次的再生齿；由端生齿或侧生齿到哺乳类的槽生齿；由着生部位广泛到只着生于上下颌。

狮子
　　狮子是地球上力量最强大的猫科动物，有"万兽之王"的美称。它们拥有强有力的犬齿，能够轻松撕裂猎物的皮毛。

动物的牙齿千奇百怪，各有特色。如：鼬鲨像别的鲨鱼一样，有成排的牙齿。当牙齿用坏时，新的牙齿会立刻生出来替换原来的旧齿。一年的时间，鼬鲨就能用坏或脱落 1500 颗牙齿，鼬鲨锋利的牙齿可帮助它将海龟壳咬开，还能从鱼、

海豹，甚至鲸的身上咬下一大块肉来；蝰鱼的牙齿大得不能放进自己的嘴里，这样的牙齿可以刺穿甲壳类动物的外壳。蝰鱼可以把自己的嘴张开到正常大小的 2 倍。通过研究动物的牙齿我们可以得知动物的食性和年龄，牙齿也是研究动物体机能与结构的重要指标。

🐾 动物的尾巴

动物的尾巴是动物身体的重要组成部分。动物身上大都长有一条尾巴，动物的尾巴形状各异，用途也不尽相同：鸟的尾巴上长着又长又宽的羽毛，这些羽毛展开时好像一把扇子，能够灵活转动，鸟把尾巴当做飞行器，以掌握前进方向，这样的鸟尾在飞行时起着舵的作用；马把尾巴当做平衡器和驱除蚊蝇的工具，当马奔跑时，尾巴竖起，起着平衡身体的作用；老虎把尾巴当做武器，生活在森林中的老虎，见到猎物时，会用钢鞭似的尾巴一扫，把这些动物打倒，然后张开大嘴去咬断猎物的脖子；在禽鸟世界里，有些弱者认输时，常用翘尾巴、趴在胜者脚下的动作来表示认输，以求胜者"高抬贵手"；鱼把尾巴当做游泳器，鱼在水里靠尾巴的左右摆动，促使身体向前推进。鱼的尾巴还能控制方向，并随不同的摆动方向而转换移动线路；狐猴把尾巴当做仓库，在食物丰富的雨季，狐猴就在尾巴里储存起大量营养物质，在食源缺乏的旱季，狐猴靠消耗尾巴里储备的营养来度日；日本猴的猴王平时总是把尾巴竖得高高的，因为尾巴是它的旗帜，标志着它是猴群的领袖，猴群中的其他猴子是不允许把尾巴竖起来的；松鼠把尾巴当做交际工具。美洲松

鼠在合力对付蛇时，用尾巴来传递信息，尾巴猛挥三下，表示总攻开始；野猪也会用尾巴当旗帜来表示环境的安危。安全时，它们的尾巴总是左右甩动，或者下垂着。一旦遇有危险，野猪会立即扬起尾巴，尾尖上还卷成一个小圆圈，好像一个问号似的，这时其他野猪看到，就会马上警觉起来。

动物的爪

爪同样是动物重要的生存工具，在动物的生活中扮演着重要的角色。

爪是动物进化到陆生脊椎动物时才由皮肤的表皮角质层演变而来的，爪的出现是动物进化史上的一大革命性进步。

真正的爪起源于爬行动物，这是与其爬行生活相适应的。现代爬行动物中的变色龙，生活在茂密的丛林中，它之所以能在树干上爬行，除了尾巴的帮助外，指端的锐爪起着重要作用；鸟类的爪其实在结构上与爬行动物十分相像，但在外形上，因为生活方式和生活环境的差异而产生了各种变异。猫头鹰、秃鹫等猛禽脚腿强健，趾端有钩状的利爪，适于捕杀动物。啄木鸟、杜鹃等攀禽的爪比较尖锐，能稳当地抓住树干；哺乳类动物的爪是最为神奇多姿的。獾、

穿山甲

穿山甲有着强健的爪，其前足爪长，尤以中间第三爪特长，后足爪较短小，这样能够使穿山甲轻松地挖掘洞穴。

鼹的爪宽而钝，适应于穴居掘土。树獭的爪是钩状的，有利于钩住树枝。最厉害的是虎、狮等猛兽的爪，这些大型猫科动物的爪尖锐而弯曲，能缩入鞘内，从而始终保持尖锐锋利，成为猛兽捕捉食物和防御敌害的有力武器。穿山甲的爪是向后弯的，像一把锄头，使穿山甲拥有了"打洞能手"的称号。爪在牛、马、羊等兽类的趾端特化成了奔跑用的蹄子，爪的下体变宽、变硬，但还保留着较锐利的缘。这种特化后的爪，磨损非常慢，而且使动物走起路来，脚步稳而不滑，是非常适于运动的器官。长蹄动物必定是食草动物，它们没有食肉动物那样的利爪，但却善于奔跑和避敌。

动物的体温

　　动物的体温可分为恒温和变温两种。恒温动物如鸟类、哺乳类，它们维持一定体温，常在 30℃ ~ 40℃，从而不让自己被热浪"烤"焦或被严寒冻僵。恒温动物是通过散温和保温结构在神经系统的调温中枢控制下保持恒定体温的。

　　鸟类和哺乳动物的体温是恒定的，它们能够随外界温度的变化而调整自身热量的释放，使体温保持恒定。恒温动物依靠自身代谢产生的能量来维持体温。它们摄取的食物中有 90% 以上是用来维持体温和进行各种生命活动的，供生长和增加体重的食物占了不到 10%。其余

的动物体温都随外界环境温度的变化而改变，并且一般低于外界温度，这些动物被称为变温动物。

变温动物的体温随外界温度的变化而变化，它们是利用太阳的辐射热和细胞色素的变化来调节体温的。有些两栖爬行类动物的皮肤有特殊的色素细胞，当它缩小时，皮肤颜色变浅，从而把大部分阳光反射出来，体温则下降；当色素细胞扩张，肤色变得很深，就能大量吸收阳光，使体温升高。两栖类和爬行类等变温动物，只要有充足的阳光照射就足以使体温提高到各种活动所需的温度上来。它们摄取的食物主要用于生长和增加体重。

恒温动物体温恒定有着重要的意义：首先，体温恒定，可以保证身体内各种化学反应速度的稳定，代谢活动才能有条不紊地进行；其次，体温恒定的动物可以自主调节体温，动物就能摆脱外界环境的限制。无论外界条件多么艰苦，恒温动物都可以凭借自身的恒定体温生存下去。而两栖类、爬行类动物则不能，变温动物对外界条件的要求比较苛刻，变温动物只能依靠外界的热量（主要是太阳辐射）来维持体温。外界温度变高，它们的体温也随之变高，同时变得活跃。外界温度变低，它们的体温下降，同时也变得不活跃。变

金鱼

　　金鱼是一种观赏鱼类，它们身姿奇异，色彩绚丽，可以说是一种天然的、活的艺术品。

温动物对外界温度的依赖性很强。

动物的呼吸

　　动物的呼吸大致可分为水生动物的呼吸系统和陆生动物的呼吸系统。

　　水中氧含量只有空气中氧含量的5%，而且氧在水中的扩散速度更慢一些，所以对于水生动物来说，它们需要比陆生动物更为有效的呼吸器官。水生动物通常靠鳃呼吸，鳃是水生动物的皮肤向外延伸而成的专门用于气体交换的器官。每种水生动物鳃的形态并不相同，但有一个共同的特点，就是表面积很大。例如，淡水鱼的鳃生长在头部两侧的鳃弓上，左右各有4个，每一鳃含有两列鳃丝，鳃丝由顺序排列的鳃板组成。用鳃呼吸的动物都能自己制造水流，使鳃不断地与新鲜的水流相接触。

鱼的鳃位于咽的两侧，鳃盖关闭时，口张开，水从口流入咽，然后口关闭，鳃盖张开，口腔收缩，压迫水流过鳃，从鳃盖后缘流出。鱼在水中不断地做这种动作，一般人会误认为它们是在不停地喝水，其实它们是在不停地制造水流流过鳃，以进行呼吸。

陆生动物的呼吸系统经历了长期的进化逐步走向了完善。无尾两栖类动物的肺内壁呈蜂窝状，但肺的表面积还不大，如蛙肺的表面积与皮肤表面积的比例是2：3。皮肤呼吸仍占重要地位，蛙在冬眠时肺呼吸完全停止，只用皮肤来进行呼吸。爬行动物的肺虽然和两栖类动物一样为囊状，但其内壁有复杂的间隔把内腔分隔成蜂窝状小室，与空气接触的面积大大扩展了。肺的结构在不同的动物体内变异很大，最简单的形式仍为一囊，如各种蛇类；蜥蜴、龟和鳄类的支气管在肺内一再分支，使整个肺脏呈海绵状；避役类动物的肺前部内壁呈蜂窝状，称呼吸部，后部内壁平滑并且伸出若干个薄壁的气囊，称贮气部。爬行动物的成体既没有鳃呼吸，也没有皮肤呼吸。

鸟类的肺为一对海绵状体，肺的内部由各级支气管形成一个彼

此吻合相通的网状管道系统，这种结构完全不同于两栖类和爬行类动物的空心囊状肺。鸟肺体积虽然不大，但是和气体接触的面积极大，是鸟类特有的高效能气体交换装置。鸟肺的另一特点是有许多气囊，起到辅助呼吸的作用。哺乳类动物的肺内部状如复杂的支气管树，支气管入肺后，一再分支，在最后微支气管的末端膨大成肺泡囊，囊内壁分成许多小室，每个小室称肺泡。肺泡的出现大大增加了肺和气体接触的总面积。哺乳类动物肺泡的总面积约为身体表面的 50 ~ 100 倍。

 ## 动物的进食

　　动物的身体是由许多微小的细胞组成的，这是它们共同的特征。动物们要通过吃一些食物来补充必要的能量或营养。动物们的另一显著特征是它们一生中大部分时间要到处觅食。

　　多数动物获取能量和营养的过程，就是将食物通过嘴摄入体内，再在体内消化吸收的过程。

　　根据所吃食物的种类不同，动物嘴的大小和结构也不完全一样。多数哺乳动物有牙齿，可以将大块的食物撕碎，然后通过咀嚼把它变成柔软、易于吞咽的浆状物。但有些哺乳动物牙齿很少，有的则根本没有牙齿。

　　动物有各种不同的进食方法，食蚁兽能用黏长的舌头粘住蚂蚁和白蚁并吞进嘴里；吸血蝙蝠的门齿像刀刃一样锋利，能在猎物的皮肤上切开一个小口再用舌头吸食动物血液；鸟类没有牙齿，但它们能用坚硬的有角质层的喙使劲地啄击食物。有些鸟类的喙形状像镊子，又细又长，能伸进裂缝或泥浆中捕捉到很小的食物。有些鸟类的喙则短阔有力，可以像胡桃钳一样把种子和坚果嗑开；青蛙没有牙齿，它们抓住猎物后，将之整个吞进肚内。

大部分的动物会以植物的某一部分为食，如叶、果实、种子、嫩枝和根，这些动物被称为食草动物。有些动物以其他动物的身体为食，人们把这些动物称为肉食性动物。另外一些动物食性广泛，既吃植物性食物，也吃动物性食物，这些动物被称为杂食动物。

蟑螂和蟹等动物主要吃死亡动物的尸体或腐烂的食物和垃圾，称为食腐动物。秃鹫也属于食腐动物。

动物的进化

各种动物都会因时间、环境的变化而发生变化。这种变化是一个非常缓慢而渐进的过程，生物学上把动物的这个变化过程叫做进化。动物的进化过程并不是一帆风顺、直线前进的，而是曲折、螺旋式上升的。动物的每一次进化在生物史上都是一次飞跃，但动物每一次进化的完成都要付出一定的代价。

生物死亡后的遗体或是生活时遗留下来的痕迹经过漫长的自然作用会被保存在岩层中，我们把这些保存在岩层中的地质历史时期的生物遗体、遗迹叫做化石。化石是研究动物进化的主要证据。

19 世纪 50 年代，英国生物学家达尔文，通过长期的实地科学考察和对各地采集来的化石进行深入的研究，于 1859 年发表了轰动世界的巨著《物种起源》。达尔文在《物种起源》中，提出了以"自然选择"为中心的生物进化学说。

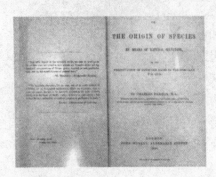

达尔文的"自然选择学说"，不仅说明物种是可变的，而且也正确地解释了生物的适应性问题。自然选择说认为生物在长期繁衍过程中，只有适应环境的生物才能生存下来，而那些不能与环境相适应的生物则会被淘汰灭

绝掉。因此，达尔文认为，自然选择是生物进化的推动力。对此，达尔文还认为自然界的生物不是永恒不变的，也不是突然出现的，更不是上帝创造的，而是在自然条件的影响下，从简单到复杂，从低等到高等，逐渐进化而来的；人类并不是神和上帝创造的，是由一种远古时期的古猿进化而来的，和其他生物一样，人类也是生物进化的结果。

著名的生物学家达尔文。

《物种起源》的发表，是生物进化论确立的标志，开启了生物学的新篇章。恩格斯把达尔文学说列为 19 世纪自然科学三大发现之一，给予了达尔文很高的评价。

动物的分类

生物界中，动物的种类多达 1000 万种以上，人类目前已知的动物种类有 130 万种。科学家把这些动物进行分类，按从小到大的次序分为界、门、纲、目、科、属、种。我们大体可以将动物分为：腔肠动物、软体动物、节肢动物、棘皮动物和脊索动物（其中包括鸟类、爬行类等）等。

腔肠动物的形态非常奇特，样子像植物而不像动物。例如海葵像盛开的花朵，水螅像水中飘舞的柳枝，珊瑚像蓬乱的篱笆……全

世界大约有一万多种腔肠动物，它们大都分布在温暖的浅海中，只有水螅生活在淡水中。腔肠动物虽然大小和形状千姿百态，但在结构上都是由两层细胞形成的空腔，一端封闭，另一端为有触手的口。

一般来说，腔肠动物有两种基本形态：一种是水螅型，

适应固定生活；一种是水母型，适于漂浮生活。

水母是水母型腔肠动物的统称。水母的种类很多，外形多为伞状，有很多触手和感觉器官。水母又可以分为小型的水螅水母和大型的钵水母两类，其代表为属于水螅水母的桃花水母和属于钵水母的海月水母等。

水螅是唯一生活在淡水中的腔肠动物，有圆筒状的身体，通常附着在水草、石块及水中其他物体上，水螅身体的一端有基盘，水螅就是靠这个基盘附在物体上滑行移动的，也可以用翻跟头的方式来行动。水螅另一端是它的口，长着 5~6 条触手。另外水螅的身体还有再生功能。

珊瑚虫约有六千五百种，是一种分布很广的腔肠动物，均生活在海洋中，珊瑚虫主要产于热带浅海区。它们是珊瑚礁的主要生产者。珊瑚虫长有触手，并靠这些触手来捕捉小动物。有些珊瑚虫能分泌钙质的外骨骼，慢慢在海洋中堆积，就会形成美丽的珊瑚礁。

海葵是一种典型的腔肠动物，它长着许多触手，海葵的种类不同，这些触手的数目也不尽相同，但都是 6 的倍数。当触手伸展时，形如葵花，因而得名。海葵是一种很美丽的海洋生物。海葵的种类繁多，大多生活在石隙或泥沙中，也有些生活在贝壳或蟹螯上。常见的海葵种类有黄海葵、绿海葵等。腔肠动物有多种生殖方式，有出芽生殖、分裂生殖和有性生殖。

软体动物种类繁多但结构一般比较简单。它们的身体柔软，左右对称，一般由头部、足部、内脏囊、外套膜和贝壳五部分组成，通称贝类。因种类不同，软体动物的生活习性也各有不同。软体动物有游泳、浮游、底栖和寄生生活四种生活方式。软体动物为人们所利用的价值很高，它们有的味道鲜美、营养丰富，有很高的食用价值；有的可以做重要的药材；有的可以做良好的工业原料；等。软体动物能够在人们的生活中和生产中发挥重要的作用。

软体动物的贝壳由外到内分为三层。外层是角质层，其作用是保护里面的钙质免受钻孔虫的侵蚀。中层为棱柱层，主要成分是碳酸钙。内层为珍珠层，是由外套膜包围的。软体动物的贝壳厚度能够不断增加。

软体动物生殖细胞均由表皮形成。有的卵子呈自由状态单个产出，有的产出后靠胶状物质黏附起来形成卵群，并固定在物体上。受精卵一般在体外孵化，但也有例外的，比如小河蚌在妈妈的鳃腔中孵化，而小田螺则是在发育完全后被直接生出来的。

章鱼也叫"蛸"，它们的头很大，并且上面长了8个腕，因此也被称为"八爪鱼"。它们多栖息在浅海的沙砾或礁岩中。由于它们长得十分古怪，所以常作为怪物的代表形象出现在文学作品中。

乌贼是乌贼科动物的统称。它们的身体像一个口袋，眼睛很大，体内有发达的墨囊，遇到敌害时可以放出墨汁逃走，因此也被称为"墨鱼"。乌贼可供食用，鲜食或干制皆可，它的干制品被称做"墨鱼干"。

蜗牛是热带和温带地区一种常见的软体动物。它们的头部有两对触角，眼睛长在后一对触角的顶端。它们常常在潮湿的地区栖息，

章鱼

章鱼属于海洋软体动物，又叫八爪鱼，有些章鱼特别聪明，它们可以分辨镜中的自己，也可以走出科学家设计的迷宫，吃到迷宫中的螃蟹。

剧毒的蜘蛛、蝎子

　　蜘蛛和蝎子都属于节肢动物，它们中的很多种类都是有毒的。最毒的蜘蛛是捕鸟蛛，最毒的蝎子是巴勒斯坦毒蝎。

遇到干燥的环境或冬眠时，就会分泌黏液封住自己的壳口。蜗牛爬行的速度非常缓慢，平时主要以绿色植物为食。

　　扇贝是一种常见的贝类，广泛分布于世界各个海域，以热带海洋中的种类最为丰富。扇贝的贝壳较大，近于圆形，贝壳表面常有放射肋，肋上有鳞片或小棘。扇贝的贝壳颜色鲜艳多姿，十分美丽，可以作为装饰品。

　　节肢动物的身体结构左右对称，身体分节，每个分节上都有用于行走的附肢。世界上约有一百多万种节肢动物，是动物界种类最多的一门，其中大部分为昆虫。可以说世界上每三个动物中，就有一个是节肢动物。节肢动物的分布很广，只要有动物的地方，就有它们的足迹。它们的身体结构充分适应周围的环境，因而生命力很强。

　　节肢动物分为雌性、雄性两部分，而且雌雄个体的形状和大小也有所不同。从幼虫变成成虫，会出现不同的形态变化。雄蜂是由没有受精的卵长大的，这就是奇异的孤雌生殖方式。

节肢动物最显著的特征就是它们要不断地蜕皮。以蝉为例，蝉的骨骼为外骨骼，是一种死亡的组织，所以不能随身体长大而长大，必须每隔一段时间换掉旧壳，从体内分泌一件更大的新骨骼。旧骨骼从背部裂开，一只比原来大一些的新蝉就钻出来了。一只蝉要经过很多次的蜕皮，才能从幼虫长成成虫。

节肢动物都是由皮肤直接形成呼吸器官的，水中生活的动物为皮肤向外突起形成书鳃；陆地上生活的动物则为向内凹陷的书肺。其中蚜虫和恙螨根本没有呼吸器官，它们靠体表呼吸。

蜘蛛是典型的节肢动物，一般有 4 对足，身体呈圆形或长圆形，分为头胸部和腹部，中间是把两部分连结起来的一段很细的腹部。蜘蛛头部长有须肢，在雄蜘蛛的须肢上还长有一个精囊。它们的肛门尖端突起，能分泌黏液，一遇空气即可凝结成细蛛丝。在屋檐下或角落里，蜘蛛常结出一张有黏性的网，以此来捕捉自投罗网的小虫。

蜈蚣也叫"百足虫"，我们最常见的一种是少棘蜈蚣，它的身体扁长，头部呈金黄色，长有长触角和聚眼，身体分为 21 节，每节都有一对足，其中第一对足叫做"颚足"，上面长有毒腺，可以分泌毒液。蜈蚣晒干后可以做成药材。

寄居蟹是一种介于虾和蟹之间的节肢动物，大部分寄居在螺壳内，因此起名"寄居蟹"。寄居蟹的躯体由头胸部和腹部两部分组成，一般左右不对称。寄居蟹头胸部长有头胸甲，腹部长而柔软，可以在螺壳中卷曲。寄居蟹有一对螯肢，以小的或死的动物为食，一般在海边浅水水域活动。

对虾的体积较大，身体扁平，腹部发达，在中国北方经常成对出售，因此被称为"对虾"。对虾在全世界共有 29 种，大多栖息在热带、亚热带的浅海里，主要以海底的无脊椎动物为食，

如多毛类、小型甲壳类的软体动物等，有时也捕食一些小型的浮游动物。

蝗虫的体节由头、胸、腹3部分组成，比虾和蟹又进化了一步。而且它们各部分体节已不再是相同功能的部分叠加，而是各有其独特的作用，分管着感觉、运动和生殖，这样，蝗虫对环境的适应生存能力大大增强了。

棘皮动物以其独特的形态而得名，以著名的海胆、海参等动物为代表。现存的棘皮动物约有五千三百多种，主要分布在温带、亚热带及热带海洋中，它们或是在海床上固定着，或是漂游在海底。棘皮动物幼年时身体左右对称，成年后变成辐射对称。中胚层产生的骨骼向体表突出形成棘皮。

棘皮动物的骨骼为内骨骼，由一些钙化的小骨片组成。这些骨片形态各异，或长成关节，如海星、海百合；或像一个水瓶胆长在一起，如海胆；或分布于体壁中，如海参。棘皮动物的小骨片常常突出体表，形成粗糙的棘皮。

棘皮动物的"水管"系统由几部分组成，主要是位于背面的筛板、向下的一段直管、储水库及五条辐管，辐管末端形成管足。这个复杂的系统是棘皮动物的重要器官，对它们运动、取食、呼吸、感觉及挖巢穴都起着关键作用。

海星是海滨最常见的棘皮动物，它们从身体中央伸出五条腕，

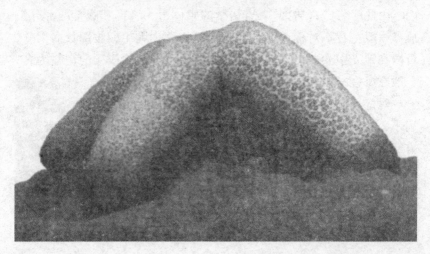

呈五角星形。海星在世界各海洋中均有分布，它们过着平静的生活，一般在无浪的潮间带和近岸海域的深水下层生存。海星的种类很多：有五角星似的罗氏海盘车，有像帽子一样的面包海星，有柔软皮肤镶边的砂海星，还有如荷叶的荷叶海星等。

海参就像海洋中的虫子。它的身体呈蠕虫形或腊肠形，海参有黑、褐、白等各种颜色，有些种类的颜色特别鲜艳，如刺参。它们主要以海底沉积物里的有机碎屑和微小生物为食。海参在海底的行动非常缓慢，不能像鱼一样灵活地移动，遇到敌人或受到刺激时，会把内脏吐出来迷惑敌人，自己则趁机逃走，这样海参不会死去，只要一段时间后又会长出新的内脏。

海胆身体呈球形、心形或盘形。它的壳由许多石灰质骨板紧密结合而成，壳上布满了很多能动的棘刺，使海胆看上去很像一只刺猬，它的内脏器官就包在这个壳里。海胆有时就靠这些刺来辅助移动。海胆通常栖息在海底，以海底的附着动物、有机碎屑甚至腐肉和动物粪便为食。

海百合在古生代的时候曾经非常繁盛，现在已经衰退。现存的海百合分为柄海百合和海羊齿两类。柄海百合类的外观很像盛开的百合花，多在海底栖息，身体可分为根、茎、冠3个部分；海羊齿类则多生活在沿岸浅海中，它的茎仅在幼年时期存在，长大后就会消失。海百合的口朝上，以轻柔的腕捕捉有机物和细小的浮游生物。

脊索动物约四万余种，是动物界中最高等的一门，它们的共同特征是身体背面存在一条中轴骨骼——脊索。脊索动物又分为尾索动物、头索动物和脊椎动物三类。脊椎动物是动物中目前进化得最高的种类，它们有一套完整的神经系统，主要由脑和脊柱腔中的脊髓组成，包括鱼、两栖动物、爬行动物、鸟和哺乳动物5个类群，每个类群都有特殊的形态结构和特别的生活方式。

"海中刺客"海胆

　　海胆被称为"海中刺客"，是海洋里一种古老的生物，与海星、海参是近亲。

　　文昌鱼属于头索动物门，具有脊索、背神经管和咽鳃裂。它们没有鳞，没有明显的头、眼、耳、鼻等感觉器官，也没有专门的消化系统。文昌鱼是无脊椎动物向脊椎动物进化的过渡类型，被称为"鱼类的祖先"。

　　大马哈鱼是一种肉食性鱼类，以海洋中的小鱼和浮游生物为食。它的身体长而侧扁，嘴部突出而微弯，形状像鸟喙一样。它的性情凶猛。大马哈鱼体形较大，身体长约0.5米~1米，最重可达6.5千克以上，肉味鲜美，脂肪含量丰富，鱼卵的营养价值也很高，因此大马哈鱼也是一种比较珍贵的大型经济鱼类。

　　脊索动物的最大特征是有一条由结缔组织组成的、柔软且具有弹性的脊索，脊索可以支持这类动物的身体，一般位于动物身体的背部，消化道的上方，背神经管的下面。

动物的习性

自然界中有千奇百怪的动物，而这些动物的世界是丰富多彩的。你知道动物们是怎样育儿的吗？你听说过动物还会伪装吗？你了解动物的共生行为吗？这些让人意想不到的现象正悄悄地发生在动物中间，而这其中有许多都是鲜为人知的。

动物与植物的区别

动物界和人类社会一样，也存在着"养育之恩"，小动物的父母也会无微不至地照顾它们，直到它们长大能独立生活为止，但各种动物对后代的照顾方式却是不同的。

鸟类在养育幼雏的时候并非父母共同分担抚养任务。捕食昆虫的鸟类，雌雄鸟都要衔取食物，并把捕到的食物直接喂入雏鸟口中。肉食性鸟，则撕碎大块的肉，然后喂养雏鸟。如山雀，雄鸟不但要带回食物喂雏鸟，有时还要喂养抱孵的雌鸟。

鹈鹕有一张又大又尖的嘴，下颌有一个巨大的喉囊，可以用来兜捕或暂时储存食物。在哺育幼鹈鹕的时候，鹈鹕会在喉囊里储存大量的鱼，以供幼鹈鹕食用。

东部非洲的许多湖里生活着一种丽鱼。小丽鱼是在妈妈的嘴里孵化出来的，丽鱼妈妈要等卵孵化出来以后，才会去吃东西。小鱼出生后也需要鱼妈妈精心的照料。遇到危险时，幼鱼会躲进妈妈的嘴里避险。

与其他动物不同，黑猩猩母子之间保持着长久的联系。小黑猩猩只有依靠母亲的保护，才有食物和安全的保障，因此它们总是待在母亲的身边。小黑猩猩一般4岁时才敢离开自己的妈妈。

每年刺猬妈妈都会产一窝崽，每窝3只~6只，多时达8只，刺猬妈妈与幼崽片刻不离，即使外出活动时，小刺猬也会跟在妈妈的身边。

动物的沟通行为

动物在一个群体中生活，有着与其他个体非常密切的联系，随时需要交流信息。俗话说"人有人言，兽有兽语"，其实，动物有着很丰富的语言。那么，动物的语言究竟是什么呢？动物的行为、声音和气味等都是动物的语言，都可以起到传递信息的作用。

蚂蚁的信息传递方式特别有规律。蚂蚁先派出"侦察兵"去寻找食物，"侦察兵"找到食物后，再回去报信，遇到同巢的成员时，先用触角互相碰撞几下，然后再用触角闻几下地面，通过这些气味信息传递食物的体积、所在的方向和位置等信息。接着，同巢的蚂蚁们就会一起去搬运食物。

蜜蜂传递信息的方式也很独特，它们虽然不会说话，彼此之间却可以通过舞蹈来传递蜜源的方向和位置等许多信息。当有一只蜜蜂找到花群之后，就会以"8"字舞或圆形舞两种方式向同伴们传达信息。如果蜜源不太远，它们就会表演圆形舞，而如果蜜源离得远，它们就会跳起"8"字舞。跳舞时头部朝上，则表示蜜源是在对着太阳的方向；如果头部朝下，则表示蜜源是背着太阳的方向。

狼的"语言"很丰富，互相轻轻撕咬颈项表示尊敬，特级警报用皱鼻表示，还有很多不同的联络信号用长短、高低不同的嚎叫声来传递。狼还用嚎叫声告诉同伴自己的位置。一群狼聚在一起嚎叫，则是为了显示集体的威力以警告敌人或其他狼群休要前来侵犯。

黑猩猩在进食、捋毛及成群黑猩猩和睦友好地彼此挨近时，它们都会用一连串的"呼呼"声来交流信息，这些声音里常伴有明显的呼吸急促，并且时高时低。此外，它们的脸部还有一些奇特的表情来配合这些声音。

南美洲有一种吼猴，它们下颌很宽阔，围住一个膨大的喉头，喉头里有一个由舌骨形成的"共振箱"。当一只吼猴在吼叫时，其声带振动发出的声音，通过"共振箱"变得十分洪亮，在近5千米的范围内都能够听到吼猴的叫声。实际上，吼猴的吼叫并非没有任何意义，

令人胆战心惊的狼嚎

狼的嗅觉和听觉都异常敏锐，它们靠嚎叫声向其他狼群宣告自己的领地，但是狼嚎声总是让生活在附近的人们胆战心惊。

这是它们向其他猴群发出的一种虚张声势的"示威"，宣布"这里是我们的领土，不要进犯"！即使像蟒蛇那样的劲敌，只要听到吼猴群的合力吼叫，也会心惊胆战。

狐狸体内分泌的"狐臭"是它们很有用的武器。它们可以用这种气味来标记自己的领地，还可以通过对方留下来的气味来识别其他狐狸的性别、地位等级和确定的位置。而且这种气味在逃命的时候也能成为令其他动物窒息的武器。

动物的学习行为

有些动物生下来的形状就和成年以后完全一样，但也有些生下来发育得不够完全的动物。许多昆虫和两栖动物都要经历一个叫做"变态"的过程，就是幼虫从卵中孵化出来，经过变态这个过程，变成成虫。各种动物在其成长过程中都必须要学习各种生活技能，这样它们才能在复杂多变的大自然中生存下去。

幼狮从一出生就在妈妈无微不至的照料下长大。妈妈为了幼狮的安全，经常更换住所。等幼狮长到 10 周大时，再由妈妈带回狮群，和其他兄弟姐妹们一起生活。

小丹顶鹤刚出生的时候，全身都长着褐黄色的绒毛，样子像只丑小鸭。几天后，它们就能在浅水草丛中自己找些昆虫、小鱼和植物等

来吃。3 个月大时，小丹顶鹤便可以学会飞翔。等到入秋后，它们便能随群南迁越冬。

猩猩出生不久，四肢就很发达，它们会紧紧攀住妈妈的腹部，几个星期后便能在妈妈身上爬来爬去，再过几个月便开始学习站立和爬树。它们会在树上、丛林间穿梭玩耍，进行特技表演，来锻炼自己的平衡能力。

变色龙

　　变色龙是一种两栖爬行动物，它之所以能变色是因为其植物神经系统控制着许多含有色素颗粒的细胞。

动物的伪装行为

　　许多动物在漫长的进化过程中都具有了高超的伪装本领，如保护色、拟态、警戒色等。这样有利于躲避敌害、保护自己，以及捕获猎物。有一些动物靠调整皮肤的颜色来适应环境，还有一些动物通过毒刺、毒腺、恶臭或鲜艳的色彩和斑纹来警告来犯之敌，从而更好地保护自己。

　　变色龙是一种很会伪装的动物。变色龙生活在非洲的马达加斯加岛上，它们的体色可以随着生存环境的光线、温度、湿度的变化而改变。当光线很强的时候，它们的体色呈绿色；当光线阴暗时，它们的体色则会变为褐色。而且当它们受到惊吓时，体色也会随之改变。

　　人们很难将枯叶蝶从它们所栖息的叶子中辨认出来，因为它们看上去和枯叶一模一样——有叶脉状的翅脉，连翅膀上的斑点也像极了枯叶上的菌类斑点。

　　竹节虫以拟态闻名昆虫界，当它们静栖在树上时，和一段竹枝或树叶很相像。不仅如此，它们还能够慢慢地把身体颜色调整到与四周环境一致的程度，甚至它们的卵也极像一些植物的种子。

围兜蜥是一种爬行动物，生活在澳大利亚，它的颈部有一圈褶襞皮肤，褶襞上有骨头支持着。平时褶襞贴在颈上。当遇到危险时，围兜蜥就把褶襞撑起来虚张声势，使来犯者不敢轻举妄动。这一办法在对付比自身强大得多的敌人时很有用。

动物的防御行为

动物生存的环境中，时时刻刻存在着危险，它们的天敌时常会发动突然袭击。因此，它们无时无刻不在面对来自四面八方的威胁。一般来说，动物在遇到危险时的本能反应就是逃跑，但逃跑有时并不是最好的办法。因此很多动物为了保护自己，练就了各种各样的防御本领。

土拨鼠可以说是动物世界中最优秀的警报员。土拨鼠又名旱獭，和松鼠是近亲，身体肥胖，样子像鼠又像兔，是挖洞的穴居小动物。土拨鼠的警惕性特别高，每次成群出穴觅食时，鼠群总派遣一只土

拨鼠担任"哨兵"。土拨鼠"站岗"时十分负责，常常用后脚跟站立在地面或高处，以便探察四周的动静。一旦发现有敌害来袭时，它就立即发出高频率的尖叫声，其他的土拨鼠听到这样的"警报"声，便立即钻入洞穴中以逃避凶险。当敌害远离时，这只放哨的土拨鼠便会发出洪亮的叫声，表示"解除警报"，其他土拨鼠便又纷纷出来觅食了。

鳄类生活在河流、湖沼里，它们遇到危险时会立即张开血盆大口，露出利牙，高声吼叫，往往吓得敌害落荒而逃。美洲的鳄龟，是世界上最大的淡水龟，它们虽然不像鳄类那样有一口利牙，但是在遇到危险时会裂开两颌使声门扩张，白色的声门与暗色的口腔形成强烈的色彩对比，同样也可以吓退来犯的敌害。

北美洲的麝牛，虽然个头较大，但是时常遭到狼群的围攻。为了保护母牛和小牛，公麝牛常常牺牲自我。一群恶狼向一群麝牛袭击时，身强力壮的公麝牛们立即聚在一起，将母牛和小牛重重保护起来，形成一个保护圈，并各自将头部朝下，双角对向狼群，摆出一副反攻架势，偶尔其中一头公牛会冲出去袭扰一下狼群，然后快速返回，其他公牛也会轮流出击和返回。这种防御方法往往使狼群不易下手，但是也存在较大的危险性，走出的公牛很可能会遭到凶残而狡猾的群狼杀害。

豪猪又名箭猪。豪猪一旦遇到敌害会立即竖起硬刺，并将硬刺相互碰撞摩擦，产生一种"唰唰唰"的威吓声，同时还会在嘴里不断地发出"噗噗噗"的吼叫声，以此来警告来犯者。这时，如果对方置之不理，继续逼近，豪猪就会迅速地转身，用臀部或背部的一团矛枪般的硬刺朝着敌人，只要敌人扑上来，在相互接触与厮打时就有许多硬刺刺入敌人身体。

　　穿山甲和犰狳的体毛已演变成为坚硬的鳞片，这些鳞片像是一块块厚厚的钢盾。当遇到危险时，它们就会缩成一团，把背面的鳞片露出来以保护自己的要害部位，使敌害无可奈何。

　　装死是许多弱小动物使用的逃生技能。这种方法很实用，因为很多肉食性动物只吃活的猎物，如果猎物不再运动了，它们的捕食行为便会随之停止。蛇和松鼠都会使用这种方法逃生。

　　自然界里有许多动物，如黄鼬、臭鼬、白鼬、灵猫等，当遇到危险时会放出臭气或臭液来吓退敌害。其中以美洲的臭鼬最为典型。当它受到敌害攻击时，会立即高高地翘起尾巴，从尾部放射出臭液。这种臭液不仅能令敌人退却，同时还具有麻痹作用。如果这种臭液喷射到人的脸上，会使人立即昏厥，许久才能苏醒过来。因此，在百兽群栖的美洲森林里，臭鼬是比较安全的。

动物的求偶行为

　　动物也有爱情，为了获取爱情，动物还会出现一系列的求偶行为。它们的求偶方式很多，或是向异性炫耀自己的美丽，或是为异性跳优美的舞蹈，或是唱起动听的歌曲……总之是花样翻新。

岩栖伞鸟是一种色彩亮丽、体态优雅的伞鸟。雌岩栖伞鸟是黑色的，雄岩栖伞鸟则是亮丽的橘黄色。在繁殖季节，雄岩栖伞鸟在传统的求偶场地聚集，"举行"求偶表演。雌岩栖伞鸟观赏表演，最后挑选最能打动自己的异性。

动物界里，最奇妙的求偶炫耀行为要属座头鲸的歌声了。每只座头鲸都唱着它们自己独创的歌曲，这种歌由一系列的长音符组成，并且能不停地重复演唱下去。座头鲸的歌声非常洪亮，旋律奇异而美妙。

白鹭的求偶行为极为有趣。雄鹭为求得雌鹭的欢心，会频频展开头部、胸部、背部的靓丽长羽，跳跃着围着雌鹭旋转，还不时地伸长脖子吻颈或爱抚对方。

螃蟹的求爱最为直接，它们认为"洞房"才是头等重要的。因此雄蟹在繁殖季节会花上1个小时在沙滩上挖出一个60平方厘米的螺旋状的"洞房"。"洞房"建完之后，雄蟹便在洞口开始等待"新娘"的光临了。

蝉总是在夏日中不断地鸣叫，这些会叫的蝉都是雄性，它们以高声鸣叫来吸引雌蝉前来交配；在生殖季节里，青蛙叫得也很起劲，

这也是为了吸引异性，使异性伙伴能寻声而来，进行交配。

西非冕鹤中的雄性到了繁殖期会互相恶斗一场，胜者独占交配权。为了获取雌鸟的芳心，雄鸟要不停地追逐雌鸟，并舞起"芭蕾"。舞姿轻柔曼妙，富有浪漫情调，甚至连人类都自叹不如。

动物的共生行为

不同种类的动物生活在一起，存在其中一方受益较多，一方受益较少或不受益也不受害的现象，在生物学上被称为"共栖"。大多数"共栖"动物之间都形成了一种互惠互利的伙伴关系。

千鸟不但可以在凶猛的鳄鱼身上寻找小虫吃，还能进入鳄鱼的口腔中找东西吃，有时鳄鱼会不小心突然把嘴闭上，千鸟被关在里面，但千鸟只要轻轻用喙击打鳄鱼的上下颚，鳄鱼就会立即张开大嘴，让千鸟飞出来。这种共生互助关系让千鸟获得了食物，也让鳄鱼清洁了自己赖以生存的牙齿。

向导鱼总是与爱吃小鱼的鲨鱼形影不离。鲨鱼经常会把一些食物赏赐给向导鱼食用，遇到危险时，大鲨鱼的嘴就是它们的避难所。同时，向导鱼也会帮助大鲨鱼清洁皮肤，除掉它们身上的残渣脏物。

犀牛鸟是犀牛的好朋友。犀牛的皮肤非常娇嫩，因为它们有很多皱褶，神经、血管密布其间，加上它喜欢在水泽泥沼中生活，时间一长，皱褶里就会滋生各种寄生虫，寄生虫叮咬它的皮肤，使犀牛疼痒难忍。停歇在犀牛背上的犀牛鸟就成了犀牛的家庭医生，犀牛鸟总是成群地在犀牛背上跳来跳去，并在犀牛的皮肤皱褶处觅食小虫，甚至毫不客气地在犀牛的嘴巴或鼻尖上跳跃、玩耍。

犀牛眼睛很小，视力很差，听觉也不灵敏。所以每当遇到危险的时候，犀牛鸟便会立即向自己的伙伴——犀牛发出警报。先是跳到它的背上，然后飞起来，大声啼叫，并在上空盘旋。所以人们把犀牛鸟称为犀牛的"哨兵"。

海葵总是依附在寄居蟹的身上潜入海底，以捕捉到更多食物。海葵会放出像花瓣一样的触手，捕捉小动物，这样既保护了寄居蟹，又能捕到充足的食物。两个"朋友"总是形影不离，甚至于寄居蟹在迁居时，也要把海葵搬到另一个螺壳上去。

扇贝张开贝壳时，豆蟹就会趁机寻找微小生物或有机碎屑来充饥；每当贝壳闭合时，豆蟹则以扇贝的粪便为食。当强敌向扇贝袭

犀牛与犀牛鸟

犀牛虽然嗅觉和听觉很灵，可视觉却非常不好，若有敌人逆风悄悄地前来偷袭，它就很难察觉到，而这时犀牛鸟就会向犀牛发出警报。

击时，机警的豆蟹便立即搅动扇贝的身体，扇贝于是马上闭合贝壳从而脱离危险。

红螺是扇贝的天敌，它能分泌一种黄色带辣味的毒液，用来麻痹扇贝的闭壳肌，使它的双壳久久不能合拢，红螺此时便可以吃掉扇贝的肉。每逢此时，豆蟹便会扬起双螯将红螺赶走，直到扇贝从麻痹中复苏过来。豆蟹在这种场合往往充当起扇贝"保镖"的角色。

白蚁以木材为食，但它们却无法将木材纤维消化掉，这时，寄生在它们肠内的一种叫做披发虫的鞭毛虫便会出来帮助它们消化。原来，披发虫能分泌一种消化纤维素的酶。白蚁的肠内如果没有这种鞭毛虫，当它吃了大量的纤维素后，就会被活活撑死。对于披发虫来说，躲在白蚁的肠内，也是最安全的。另外，白蚁肠内还有丰富的纤维素供它们分解利用，所以披发虫是不能离开白蚁的。

动物的迁徙行为

动物为了始终处在气候适宜、食物充足的地方，会不断地进行迁徙。它们的迁徙都是在特定的时间朝着固定方向行进的。

北极燕鸥在北极繁殖，却在南极过冬，它们总是在两极之间往返，一年之间往返的行程可达三万多千米。可以说北极燕鸥是所有鸟类中迁徙路线最长的。

生活在巴西近海地区的绿海龟，每年6月下旬，便会成群结队地穿越大西洋，历经两个多月，游过二千多千米，来到阿森松小岛上"旅行结婚"，繁衍下一代。之后，它们再成群结队地返回老家。

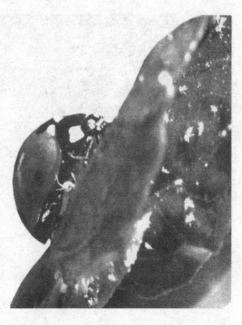

瓢虫

每年的五六月份，瓢虫便会集聚在一起迁移。这时，某处的海岸上便会被密密麻麻的虫体所覆盖，使海岸变

和有的野生动物一样，瓢虫没有一个可以庇护的固定住所。它们只能坚强地忍受各种恶劣的气候，有时会藏身于树叶之下，把它作为遮风挡雨的保护伞。

成了淡红色，甚至海面上也会被这些成群的瓢虫染红，那种场面蔚为壮观。

蝗虫也要迁徙，它们的迁徙往往会给路过的农作物带来巨大危害。因为它们的食量很大，而且常常集体迁徙，每到一处就会将那里的农作物叶子吃光，给农业生产造成极大的损失。

角马是草原上重要的食草动物。每年的5月份，雨季即将结束的时候，为了寻找新的水源和绿草，角马会聚集成庞大的队伍大规模地迁徙。上千只蹄子踩着地面，在地上形成条条深沟，扬起大片灰尘。

龙虾一到秋天便会大规模迁徙。最初由两三只龙虾带头，首尾相接，排成纵队前进。沿途碰上的龙虾也会尾随其后，队伍于是越来越庞大，浩浩荡荡地向前行进，其速度每小时可达1千米。

哺乳动物中，迁徙路程最长的要属鲸类了。白鲸在栖息地北冰

洋和太平洋的加利福尼亚海岸之间迁徙，其行程可达1.8万千米。

动物的筑巢行为

　　动物的巢穴各式各样，或精致，或简单，或巨大，或小巧，但用途都大体相同，多用来躲避敌害、睡觉休息、繁殖后代、御寒取暖。

　　黑猩猩的巢非常简单。它们将树叶茂密的小树枝弯曲起来，构成了一个有弹性、温暖而舒适的巢。黑猩猩每天都要筑一个新巢，以供晚上休息。

　　河狸的巢穴安全而舒适。河狸是动物中最伟大的建筑师，当河狸迁居到一条新的河流时，它们做的第一件事就是筑一条水坝。水坝必须可以堵住水流，能够形成一个池塘。在池塘中间，河狸建造起自己的巢穴。巢穴中间是空的，幼河狸可以在这里安全地出生。

　　织布鸟的巢穴是利用灵巧的喙和爪用柳树纤维、草片编织出来的。巢的入口在底部，这样既可以遮避风雨和阳光，又可以预防树蛇的攻击。织布鸟还会找来一些小石子，放在巢内，从而防止巢穴被大风吹掉。

　　白蚁的巢穴是一些大型的城堡。非洲的塞伦格提草原上，随处可见大大小小的白蚁巢穴——土堡。这些呈圆锥形的土堡一般高达三四十米，只有少数仅高 7 米。土堡里居住着成千上亿的白蚁。这样的土堡聚集在一处令人不禁感叹动物们的智慧。

啄木鸟的巢穴建在树上。啄木鸟总是生活在树枝和树干上，运用它们的钻木技术来建筑巢穴。在温暖而舒适的巢穴里，啄木鸟可以躲避敌害和恶劣的天气。

蜜蜂的巢穴叫蜂室，蜂室连在一起形成蜂房，每个蜂室都呈六角形。蜂室是由蜜蜂体内分泌出的蜡制成的。

海鹦的巢穴筑在悬崖峭壁上。通常海鹦只挖一个 1～2 米深的洞穴。每窝产卵 1 枚，雌雄海鹦共同育雏，育雏期约为二十天，之后它们便离雏而去，幼海鹦只得独立谋生了。

动物的适应性

达尔文的进化论表明了优胜劣汰的道理，只有能够适应环境的生物才能生存下来，不能适应环境的动物或植物则会在生存竞争中被淘汰。动物主要需要适应三个环境特征：气候、周围食物来源和敌人的威胁。

沙漠动物主要是要适应在柔软的沙地上活动。比如骆驼的脚非常宽大，不会在沙漠上行走时陷入流沙之中。飞鼠和沙鼠用很大的后腿跳跃。响尾蛇身体呈斜"之"字形爬行，以便把散沙推向两边，防止其阻挡自己前进。另外还有些在沙漠中生活的动物，如盛水蛙，它们在地下打洞，在洞中以睡觉的方式度过最干旱的季节。

野猪有着非常灵敏的嗅觉，能够靠嗅觉分辨食物的方位，它们甚至可以在 2 米的积雪之下搜寻到一颗核桃。雄野猪还能凭嗅觉找到雌野猪所在的位置。野猪群之间也可以通过嗅觉来传递信息。

　　虎的瞳孔是圆形的，并有黄色的角膜（但白虎为蓝色眼睛）。视网膜上的光线能够在通过放射膜时被第二次反射，所以虎的夜视能力非常强，无论白天或是漆黑的夜晚，老虎都能看得很清楚。

　　变色龙有着非常特别的眼睛，眼大而突出，眼睑很厚，上下眼睑合为环状，仅中央留有一个小圆孔，使瞳孔能够露出来。变色龙的两只眼球甚至可以旋转180°，这样变色龙就可以迅速地发现食物或敌害了。

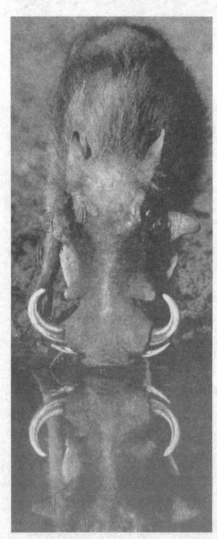

　　角蛙的上眼皮能够较好地保护眼睛，它的上眼皮皮肤成角状突起，当角蛙潜水时，这个突起的上眼皮就起到很好的遮挡作用。这样的眼皮可以在它们潜入土中时，防止尘土遮住眼睛，就像人类的眼睫毛一样。

　　啄木鸟的头颅十分坚硬，骨质疏松还充满着气体。啄木鸟颅壳内长着一层坚韧的外脑膜，脑膜与脑髓间存在着空隙，像一个完备的防震装置。此外，啄木鸟头部两侧的肌肉系统强而有力，这些都能减弱震波的传导，啄木鸟的头部因此拥有了良好的抗震能力。

　　龟是一种特殊的爬行动物。一般动物的骨骼外面包裹着肌肉，但有些动物的骨骼却暴露在身体表面。龟的椎骨、肋骨与身上的背甲相互接合，胸骨、锁骨与腹甲的组织联合，从而形成一个坚硬无比的保护壳包裹在身体外边，这在脊椎动物中是独一无二的。

长颈鹿的长脖子是适者生存、优胜劣汰的最好例子，长颈鹿生活在非洲草原上，这里的树木由于受洪水和大风的影响，下部树叶很少，鲜嫩的枝叶都长在树的顶端。

乌龟

龟是通常在陆上及水中生活，亦有长时间在海中生活的海龟。龟壳来源于真皮，外层由角质盾片构成。

长颈鹿要想吃到树顶的嫩叶，就得适应这种独特的环境，使自己不断高大起来。经历了漫长的自然淘汰和选择，长颈鹿的脖子变得越来越长，终于发展成了今天我们看到的样子。

 ## 动物的群体性

大多数动物都是群居生活的。它们或是形成数量不多的小群体，或是以较大的"社会"群体而存在，进行捕食。这种"社团"可以包含成千上万、甚至几十万个成员。动物的群居生活对它们的生存发展十分有利。

蚂蚁的个头虽小，但它们却可以依靠群体的力量，来消灭比它们大得多的动物。我们常听到这样的例子，蚂蚁们能把完整的猎物运送到蚁巢口，然后它们再齐心协力地把猎物分解开，搬进自己的

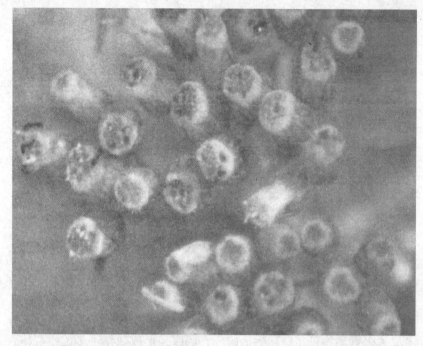

巢穴之中。

　　大雁的飞行速度很快，每小时能飞 69～90 千米，但由于目的地很远，即使不停地飞行也需要 1～2 个月才能到达。在长途飞行中，大雁除了扇动翅膀，也常利用空中上升的气流滑翔，因为这样可以少消耗一些体力。当前面的雁鼓动翅膀，引起微弱的上升气流时，后面的雁就利用这股气流的冲力，在高空中滑翔。这样一只接一只，就排成整齐的"人"字形和"一"字形队伍了。此外，大雁排成整齐的"人"字形或"一"字形队伍，也可以更好地防御敌人的攻击，这是一种集群本能的表现。

　　斑马是一种温驯的动物，不善于御敌。为此斑马除了与同类群居以外，还常跟角马、瞪羚、鸵鸟、长颈鹿等生活在一起，混杂行动，一旦发现危险，它们会互相关照提醒，及时逃避。

　　鬣狗擅长群猎，它们可以明目张胆地攻击猎物，或突然袭击，或逆风靠近，无须埋伏。它们排成纵队，紧跟着首领行进。一旦发现中意的猎物，它们就会群起而攻之，将猎物杀死。

动物的运动方式

　　动物依靠运动来捕食、结交伙伴和逃脱追击者。不同的动物运动方式自然也不同。有的靠腿跳跃或奔跑，有的靠鳍在水中游动，有的靠翅膀在天空中飞行。总之，为了生存、繁衍，动物们必须要靠有效的移动方式来创造属于自己的生存条件。

　　毛虫的腹部大多有 5 对腹足，腹足上有吸盘。毛虫一次移动一对足，把体重平均分布在其他足上，这样，毛虫便能平稳地越过障碍物了。

　　壁虎的脚趾上长着像吸盘一样的突起，上面还覆盖着长而浓密的纤毛，可以牢牢地吸附在垂直的墙壁或天花板上，甚至能够在光滑的玻璃上"飞檐走壁"，来去自如。

　　树蛙在移动时是左右摆动着前进的，身体同一侧的前后肢一起移动。树蛙的足趾有吸盘，这使它在树上爬行或走过光滑的叶子的表面时，能够紧紧吸附在树干或树叶上。

　　蟒蛇的移动路线是直线形的，因为它们的质量非常大。蟒蛇的椎骨很容易活动而且有大量的弹性关节。它的腹部鳞片具有很好的

吸附力，可以推动身体的其他部分有序地爬行。

　　蜻蜓的飞行是水平的。它们只需扇动前翅，就可以表演出惊人的飞行特技：快速转向、悬停、中途静止甚至倒飞等等。

　　猎豹的脊椎伸缩性非常强，前脚着地时，它的后脚也可以向前冲，全速奔跑时还可以全身伸开，四脚离地。猎豹的爪子在快速奔跑时可以抓着地面，这样有利于快速前进。猎豹超速奔跑的时速可达 96 千米。

　　蜂鸟的飞行姿势多种多样，且不断变化着，因此它被授予"空中杂技演员"的称号。蜂鸟能够笔直地上下、左右飞行，甚至可以倒退着飞行。采蜜时，蜂鸟能在花前悬空逗留，犹如一架微型的直升机。

远古动物探秘

在遥远的古代，我们的地球上就存在着大量的动物，有些动物可能比人类还早就来到了这个地球上。但是由于自然环境的变化和优胜劣汰的自然选择，像三叶虫、恐龙这样的动物便灭绝了。现在，考古学家发现的大量化石，又让人们逐渐走进了远古动物的世界。

低等的古老动物

在我们的地球上，曾经存在着许多动物，但由于种种原因，它们纷纷灭绝了，我们只能从它们的化石中来研究它们的样子和生活习性。

三叶虫背上的硬壳像三排凸起的树叶。最长的三叶虫有 10 厘米大小，最小的则只有米粒大小。有些三叶虫的硬壳上还长有刺，三叶虫遇到危险便会缩成一团靠身上的硬刺来躲避来犯之敌。

甲胄鱼泛指无颌、有硬皮的早期鱼类，甲胄鱼生活在海洋底部，身体扁平，常常平躺在海床上，或沿着海床缓慢游动。甲胄鱼是迄今发现最古老的生活在距今 5 亿年到 4 亿年间的古生代脊椎动物。

大约在 4 亿年前的泥盆纪晚期，鱼甲龙开始从水中移居到陆地上。它们也是迄今为止已知的最早的四足动物，但鱼甲龙身上仍有鱼鳞和鱼尾。由

于鱼甲龙皮肤的防水性很差，所以它们必须生活在河、湖泊的沿岸，以鱼类为食。

恐龙家族

恐龙最早出现于 2 亿年前的三叠纪中期，是一个拥有数百个属种的庞大家族，它们在地球上横行了一亿多年，直到六千五百多万年前的白垩纪末期，自然界的剧变才导致了它在地球上的灭绝。那么这是怎样的一种剧变呢？它是以何种方式让恐龙灭绝的呢？

科学家们提出的解释有十种之多，目前，比较有影响力的主要有以下三种：

美国的贝克教授认为，6500 万年前，宇宙中一颗直径约 10 千米，重量为 12.7 万亿吨的小行星坠落到地球上，产生了最大氢弹爆炸的大爆炸力，密集的尘云遮住了天空长达三个月之久，白天变成了黑夜，大量动植物因此而死亡，而食物的中断则造成了庞然大物恐龙的大规模灭绝。

美国的弗格逊博士与同伴用 500 只鳄鱼卵进行实验发现，鳄鱼的性别是由受精卵温度高低而决定的。在 26℃ ~30℃ 的温度下孵化出来的小鳄鱼都是雌性的；而在 34℃ ~36℃ 的温度下孵化出来的小鳄鱼则是雄性的。据此，他们认为与鳄鱼有亲缘关系的恐龙的灭绝也是由于雌雄比例失调造成的。

也有科学家认为，恐龙是一种恒温动物，由于地球在白垩纪末期发生了全球性的温度巨变，没有羽毛的恐龙无法适应急剧变冷的气温，因此它们大批死亡直至灭绝。

现在，我们仅能从恐龙蛋化石中观察幼龙或恐龙卵的结构。如果用切片机把恐龙蛋切开，便能清楚地看到里面绝大多数被方解石填充，恐龙蛋已完全石化了。通过对恐龙蛋的研究，生物学家把不同类型的恐龙蛋进行了分类，他们通过对恐龙蛋的研究来确定恐龙生存的

恐龙蛋

恐龙蛋蛋壳的外表面光滑，有的具有点线饰纹。恐龙蛋化石最早于 1869 年在法国南部普罗旺斯的白垩纪地层中发现。我国是恐龙蛋化石埋藏异常丰富的国家。

地质时代，从而弄清地层的时代，进一步帮助寻找地下宝藏。此外，还可以研究恐龙的生殖和生长。恐龙身体庞大，可生下的蛋却相当小，这主要是因为如果恐龙蛋很大，蛋内流体产生的压力就会把蛋壳挤碎；如果蛋壳太厚，小恐龙就无法破壳而出。所以，大多数的恐龙都下相当小的蛋，这样有利于蛋的保存和恐龙的种族繁衍。恐龙的生长速度非常迅速。一米长的恐龙幼体，如果用现在爬行动物的生长速度来计算，恐龙要经过 200 年才能长大。而实际上，根据恐龙骨骼的年轮推断，一般恐龙死亡时是 120 岁左右。这就证明恐龙幼年时生长的速度极快。我国的一位研究恐龙蛋的科学家发现了恐龙蛋与鸟蛋的壳都比较厚，具有乳突层和层状棱柱层，且均由片状的方解石微晶组成。这说明恐龙生殖系统功能的分化和在繁殖期间的钙质代谢过程接近于鸟类。

翼龙是恐龙的近亲，属于另一个族群的爬行动物。翼龙会飞，它在天空上称霸的时间与恐龙在陆地上称霸的时间相同。翼龙最突出的特征是有一对硕大无比的"翅膀"，双翼长度可达 7 米，因此，人们把这种会飞的爬行动物叫做"翼龙"。

1.4 亿年前的侏罗纪晚期，合川马门溪龙（发现于中国四川省合川县）是巨大的蜥脚类恐龙中的一种，身高约 3 米，身长约 22 米，脖子长 3 米左右，是脖子最长的恐龙。

剑龙是一种行动缓慢的食草动物。它的身体长得很奇怪，后肢比前肢长得多，背部弓起来，就像一座小山峰。剑龙的背上长有许多竖立的骨板，就像一把把尖刀，倒插在身上。剑龙在侏罗纪晚期盛极一时，于白垩纪早期灭绝。

腕龙是目前发现的体重最重的恐龙，其体重可达 70 吨 ~ 80 吨。腕龙生活在侏罗纪后期的美洲。腕龙的身体大，头小，脖子和尾巴都很长，前肢比后肢长。

三角龙是有角恐龙的一种，其名字的由来就是因为它们头上长有三个角。三角龙生活在大约 7000 万年以前，是角龙科的巨人，体重甚至可达 10 吨。人们误认为三角龙极其凶猛，可实际上，三角龙的性情却很温和。

霸王龙以肉食为主，是恐龙世界的霸主。它们的后腿强健有力，但由于身体过于笨重，不能长时间连续奔跑。在白垩纪晚期，几乎没有可与之抗衡的敌人。鸭嘴龙、甲龙等食草动物都成了它们的食物。因此，霸王龙成了恐龙时代凶暴的象征。

始祖鸟、猛犸象

始祖鸟是鸟类的祖先，它们生活在距今 1.44 亿年前。生物学家从化石上能观察到极为清晰的始祖鸟羽毛印痕，而且分为初级飞羽、次级飞羽和尾羽。它们的前肢进化成飞行的翅膀，后足有 4 个趾，三前一后，这些特征都与现代鸟类极为相似。

猛犸象生活在距今 20 万年到 1 万年第四纪冰川地区外缘的冻土苔原地带。猛犸象的样子很像现代象，但后腿很短，整个身体向后倾斜，象牙长而弯曲，臀部下塌，尾巴上长着一丛长毛，脚趾只有 4 个。

神秘的海洋动物

SHENMI DE HAIYANG DONGWU

什么是海洋动物

海洋的浩瀚与神奇令人向往，它孕育了地球上最原始的生命。这里是众多海洋动物的乐园。它们在其中嬉戏、畅游，深邃的海洋宛如一个天堂。这里有五颜六色的海绵动物，鲜花般美丽的海葵，有嵌在岩石中的海笋，还有拥有"生物潜水艇"之称的鹦鹉螺……

海洋动物可分为海洋无脊椎动物、海洋原索动物和海洋脊椎动物三类。海洋无脊椎动物包括海洋原生动物、海洋海绵动物、海洋腔肠动物、海洋软体动物、海洋节肢动物、海洋棘皮动物等；海洋原索动物是介于脊椎动物与无脊椎动物之间的动物，包括尾索动物和头索

海葵

海葵口盘中央为口，口的周围遍布触手，以6的倍数排列，彼此互生，少的十几个，多的可达上千个。海葵的触手柔软而美丽，加之颜色多样，使海葵看起来非常漂亮。

动物等；海洋脊椎动物包括依赖海洋而生的鱼类、爬行类、鸟类和哺乳类动物。

海洋原生动物

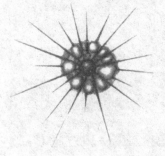

原生动物是海洋中最低等的一类动物，它们仅由一个细胞组成，然而这个

唯一的细胞却是一个完整的有机体，它具备了一个动物个体所应有的基本生活机能。科学家在分类的时候把它们归为一个门，即原生动物门。主要分为鞭毛纲、纤毛纲、孢子纲和肉足纲，种类有6万~7万种。其中一半为海洋原生动物，它们从赤道到两极都有分布，其中最具代表性的是有孔虫和放射虫。

放射虫属于肉足纲，在海洋中已经生活了五亿多年，几乎可以在各个地质时期的沉积岩中都能找到放射虫的化石。放射虫种类繁多，因身体呈辐射状而得名。

有孔虫也是一种非常古老的生物，它们大多数都有矿物质形成的硬壳，壳壁上还有许多小孔，身体由一团细胞质构成，细胞质分化为两层，外层薄而透明，叫做外质；内层颜色较深，叫做内质。外质围绕着硬壳并且在小孔内伸出许多根状或丝状的伪足，这些伪足的主要功能是运动、取食、消化食物和清除废物等。

海洋海绵动物

海绵动物是海洋中最原始、最低等的多细胞动物，早在寒武纪以前它们就已经出现并且至今仍生存繁衍着。海绵动物构造很简单，无口、无消化腔、无行动器官，它们是由单细胞动物演化而来的，是单细胞动物向多细胞动物过渡

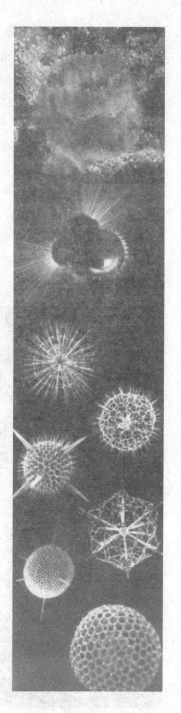

的类群，展示了动物从低级向高级发展的过程。

海绵动物有单体的，也有群体的，外形多种多样，其中单体海绵有高脚杯形、瓶形、球形和圆柱形等不同形状。它们的体壁有许多孔，水道在孔内贯穿，体内有一个中央腔，其上端开口形成整个个体的出水孔。骨骼分为两类，一类是针状、刺状的钙质或硅质小骨骼，称为骨针；另一类是有机质成分的丝状骨骼，称为骨丝。

海绵动物五颜六色，各具形态。有扁管状的白枝海绵，有圆筒形的古杯海绵，有形象逼真的枇杷海绵，也有被称为"维纳斯花篮"的偕老同穴海绵等。

海绵动物大都生活在海洋里，附贴在石头、木桩、贝壳、介壳或水生植物的表面，看起来像花一样。海绵动物的分布很广，从赤道至两极都有它们的足迹。

海洋腔肠动物

在动物学上，称单细胞动物为原生动物，称多细胞动物为后生动物。而腔肠动物就属于最原始的后生动物，可分为水螅虫纲、水母纲和珊瑚虫纲，大都生活在热带和亚热带海洋的浅水区。

腔肠动物的体壁由外胚层、内胚层和中胶层组成。内胚层围成身体的消化循环腔，腔肠一端为口，一端闭塞，没有肛门。它的骨骼主要由角质物或石灰质构成，具有支撑和保护身体的功能。

腔肠动物是一种外观非常美丽的海洋生物。其中以珊瑚虫和海葵为代表。

海底岩石上有一种鲜艳亮丽的"鲜花"——海葵。海葵真的是花吗？当然不是。海葵只是一种比海绵进化更完全的腔肠动物，它和海蜇属于近亲。海葵的"花瓣"是用来捕捉猎物的触手，触手上暗藏着肉眼看不见的武器——刺细胞。刺细胞里有刺丝，一些小动物一旦碰到它的触手，刺细胞就会立即伸出刺丝，刺得小动物们浑身麻木，动弹不得。这时，海葵便可以轻而易举地用触手把它们送

海绵

海绵雌雄同体，可以在同一个体内受精，但是海绵也可以有性繁殖，通过异体交配繁殖后代。受精卵在海绵体内发育成幼虫，然后在海洋中发育成小海绵。

入口中，美美地饱餐一顿了。

我国美丽富饶的南海盛产"石花"。如果你踏上西沙、南沙群岛，便会看到处处都"珠光宝气"。原来，这些都是五颜六色的珊瑚礁，有红的、黄的、蓝的、绿的、紫的、白的，还有粉红的，放在一起非常漂亮。人们把珊瑚叫做海石花。

海蜇的身体柔软无力，犹如白色的降落伞一样在水中游荡。但是，海蜇可以蜇伤人类。海蜇的触手就是它的武器，而这些触手上有许多有毒的刺细胞，刺细胞内有刺丝囊，囊中有中空的刺丝。当受到刺激时，刺丝便像投枪似的掷出，把毒液刺进侵袭者的体内。这些毒液能使人感到强烈的麻痛感。

兜水母是一种酷似水母的栉板动物，长 3~4 厘米，长着一对触手，可轻而易举地捕取猎物。兜水母的体表有栉板，栉板上密生着细毛，能够用来过滤细小的浮游生物，身体无色透明，常与水母一起在水中漂浮游荡。

互生关系

　　海葵丛中常有小丑鱼游来游去，海葵不会伤害小丑鱼，因为它们是一种互生的关系，颜色鲜艳的小丑鱼为海葵引来食物，海葵为小丑鱼提供保护和栖息场所。

海洋软体动物

软体动物的种类非常丰富，现存的有 11 万种以上。同时，某些软体动物已发展到了能利用"肺"进行呼吸的程度，同时身体还具有调节水分的能力，这使软体动物与节肢动物构成了仅有的陆生软体动物。

海洋软体动物大都由头、足、内脏三部分组成。由于大多数软体动物都覆盖有坚硬的外壳，所以又有"海贝"之称。

软体动物可分为单板纲、多板纲、无板纲、腹足纲、双壳纲、掘足纲、头足纲。它们分布很广，从赤道到寒带，从海洋表面到万丈深渊都遍布着它们的踪迹。常见的海洋软体动物有鹦鹉螺、鲍鱼、乌贼、章鱼、牡蛎、石鳖、海兔、海牛以及各种贝类。

沙蚕在海底有固定的巢穴，它们常常栖息在海滩的沙中或石头

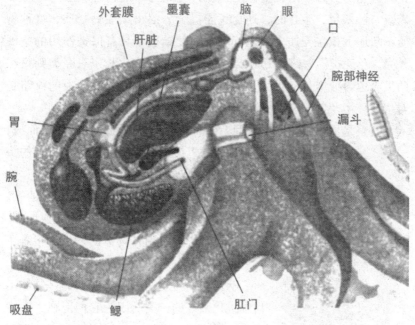

章鱼

章鱼的身体呈囊状，身体上有大的复眼及 8 条可收缩的腕，腕的基部与称为裙的蹼状组织相连，每条腕上有两排肉质的吸盘，能有力地握持猎物。

底下，过着隐居的生活，仅通过身体的蠕动收缩进行运动。

巢沙蚕主要生活在沙滩上，它们长着坚韧的蚕管，管口部分略略弯曲，呈烟囱状，伸出地面之外，壳口处常粘连有大量海藻等杂物，以便于隐蔽。

旋毛管虫大多穴居在一个棕褐色的管内，它们一般都生活在水深约十米的珊瑚礁中，喜欢附着在造礁珊瑚的骨骼上。珊瑚长大后，穴管则夹在珊瑚骨骼内。旋毛管虫头端长着两根主轴，主轴四周有很多羽状的鳃冠，鳃冠从穴管中伸出时，呈旋转状。

旋毛管虫的鳃冠颜色因珊瑚礁的深度和种类的不同而有所差异，有蓝色、天蓝色、紫色和白色等多种颜色，外观非常漂亮。

海笋是嵌在岩石中生活的，它的凿岩能力很强。海笋在凿洞时，两片壳会以扭动和摇摆的方式在坚硬的岩石上凿出藏身的洞穴来。

贝壳在幼年时的生长速度很快，到老年时生长逐渐放缓甚至停止。贝壳的身体结构是这样的：在贝壳与身体之间有一层叫做"外套膜"的薄层，生长时，外套膜能持续分泌出碳酸钙物质，这种物质不断地沉积在壳质上，时间久了，便结成了具有保护作用的坚硬外壳。单壳类沿着螺口边缘以自我盘卷的方式生长，双壳类则只在两贝壳边缘处增长，贝壳生长方向始终不变。贝壳表面上的纹路是对生长环境及生长速度的真实记录，这也是贝类年龄的显现。

石鳖是贝类中的原始类型，由8枚覆瓦状排列的壳片连接而成，

其行动非常迟缓，外形很像海龟。石鳖的头和足掩盖在贝壳的下面，头上没有触角，也没有眼睛，只是在腹面有一个非常大的嘴。它们的足有很强的吸附力。一旦受到惊吓，身体便会牢牢地吸附在物体的表面，很难用外力将其摘取下来。

鱿鱼和章鱼均属于贝类，它们是软体动物中进化最好的一类。因为它们能在大海中像鱼一样飞快地游动，所以人们常将它们误称为"鱼"。鱿鱼和章鱼的身体都由头部、足部、内脏囊、外套膜及贝壳五个部分构

成。奇怪的是，它们的贝壳长在体内，足长在头顶，而且足上带有吸盘。鱿鱼和章鱼在头足类中又属于不同的类群，二者最主要的区别是：鱿鱼的足是8条，而章鱼比鱿鱼多了两条足。鹦鹉螺是一种十分罕见的贝类，也是现今地球上唯一保留了真正外壳的头足类动物。因为它的贝壳上长满了红色的火焰状斑纹，所以叫鹦鹉螺。

鹦鹉螺是最古老的头足类动物，腕足非常多，可达九十多条，且不带吸盘。鹦鹉螺虽然有外壳，但却没有塔尖，只是在一个平面上从小到大旋转着。更有趣的是，它的壳内构造很特别：整个贝壳从里到外被一道道横隔分成三十多个小室，彼此由中空的管子串连起来，身体居住在最外面的一节，其余的充满空气。鹦鹉螺通过调节气室里空气的含量，使身体在水中上浮或下沉。现代潜水艇就是模仿这一原理研制出来的，因此鹦鹉螺有"生物潜水艇"之称。

鲍鱼是一种比较原始的海贝。它的壳很像人的耳朵，所以又称"耳鲍"。有趣的是，鲍鱼的贝壳上有一排具有呼吸及排泄功能的小圆孔。平时身体紧紧地吸附在岩石上，不怕风吹浪打。

星螺是一种外形很像哪吒风火轮的海螺，它是深海底层动物，也是漆黑、荒凉的海底世界中著名的"深海隐士"。

蛇螺在幼年时与锥螺很相似，整个身体也是紧密规则的螺旋体。但长大后，蛇螺的外壳变得很不规则，螺旋间距也逐渐加大。由于蛇螺自身行动十分不便，所以喜欢潜于沙中或附着在岩石上生活。

马蹄螺的贝壳坚厚，外观上很像马蹄，极具观赏性。

马蹄螺美丽的贝壳常被做成各种工艺品。马蹄螺种类较多，色彩和形状差别较大，主要生活在热带珊瑚礁海区。

梯螺的样子十分迷人，它肥圆的身体表面由 10～11 条白色精致装饰物组成，它们将游离的螺层连接在一起，构成了美丽的外表，深受人们喜爱。

海边红树林是一些沿岸贝类良好的栖息场所，望远螺就是其中的一员。望远螺又称望远镜螺，因为它圆锥形的贝壳很像单筒望远镜而得名。

轮螺可以称得上是最完美、最标致的海螺了。它那精致的辐射状轮纹由内向外逐渐展开，构成了优美匀称的几何图形。

凤螺的外唇前缘有一个缺口，它可以使左眼伸出壳外观察外界的环境。凤螺有一百多种，大都生活在热带海洋中，最著名的是印度洋中的巨型粉红凤螺，当地居民曾在其体内发现了粉红色珍珠。

锥螺的螺纹非常多，一般约有三十层。锥螺的外形很像笋螺，也很擅长挖沙。它利用又长又尖的外壳，左右猛烈摇摆着潜入泥沙之中。

项链螺的外观十分美丽，像一串串项链似的，然而它却是双壳类动物的致命杀手。

玉螺属于肉食性动物，一旦发现猎物便用肥大的肉足将它们包围起来，接着从口里分泌出一种酸性物质，专攻猎物由碳酸钙组成的贝壳，很快便在双壳类的一片外壳上钻出一个小圆孔，接着伸出锉一样的齿舌，锉碎猎物的组织，然后再慢慢地将其吮食掉。

芋螺倒锥形的贝壳像极了芋头，它们的壳顶扁平，有一个伸出的小螺塔。大多数芋螺栖居于热带珊瑚礁里。芋螺属肉食性动物，主要进食其他软体动物、蠕虫及小鱼虾。有些芋螺具有带蜇刺的"武器"，捕食猎物时，芋螺往往利用矢齿将毒液注入猎物体内，使其昏厥，然

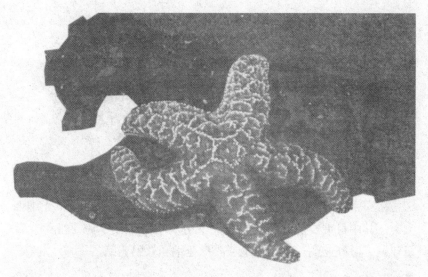

海星

　　海星的每个腕下面都有成行的管足，使海星可以向任何方向爬行，甚至可以爬上陡峭的坡面。低等的海星靠腕沟取食，高等的海星胃能翻至食饵上，进行体外消化或将食物整个吞入。

后再慢慢享用。

　　骨螺的迷人之处在于壳上长着美丽独特的长棘装饰物。骨螺色彩鲜艳，分布范围相当广泛，大多生活在热带珊瑚礁海区，因此骨螺都长着类似珊瑚形状的贝壳。骨螺贝壳表面上常常覆盖着一层厚厚的低等海洋生物，这是它们绝佳的保护色。

　　海菊蛤长得很像盛开的菊花，它长了一对大小不等的贝壳，右壳凸起，左壳一般为扁平状。海菊蛤在贝壳表面长有放射状长棘装饰物，目前世界上已发现了五十余种海菊蛤。海菊蛤的一生都将右壳固定在坚固的物体上，它们是珊瑚礁海区主要的海洋生物之一。

　　长砗磲的身体庞大，因其壳面鳞片状的装饰物而闻名。最大体长可达 2 米，重量约 300 千克，是贝类中的"巨人"。有的砗磲甚至能活到一百多岁，真可谓是贝类中的寿星。虽然它的身体庞大，但只以滤食的方式摄食海中的微小生物。由于它的贝壳巨大，热带岛国居民常把它当做儿童们的浴盆。此外，砗磲的力气非常大，据记载，从前曾有大船的锚链不慎落入砗磲的两壳之间，只见砗磲两壳一合，锚链竟然断开了。

海洋节肢动物

节肢动物的种类繁多，在目前已知的一百多万种动物中，节肢动物就占了85%左右，分为4个亚门。它们身体两侧对称，有发达的头部和坚硬的外骨骼，身体分节明显，由头、胸、腹三部分组成，每一体节上有一对分节的附肢，故名节肢动物。

海洋中的节肢动物分为肢口纲、海蜘蛛纲、昆虫纲和甲壳纲四大类。其中最重要的是甲壳纲，它又分为头虾亚纲、鳃足亚纲、桨足亚纲、微虾亚纲、颚足亚纲、介形亚纲和软甲亚纲。

海洋棘皮动物

棘皮动物都属于海洋动物，分为海百合纲、海参纲、海星纲、海胆纲和蛇尾纲，共六千四百多种。

棘皮动物的外观差异很大，有星状、球状、圆筒状和花状等，以海星、海胆、海参和海百合为典型代表。

无论在深海、浅海，都可以找到海胆的踪迹，它们算是海里十分古老的"居民"了。海胆是杂食性动物，它们既吃藻类，也吃鱼虾。海胆的硬刺里藏有毒汁。在印度，人们对海胆十分崇敬，把它们当做"护雷神"进行供奉。

海参广泛分布于各个海洋中，身体呈圆筒状，全身长满肉刺。海参的口在前段的腹面，肛门位于后端的背面，靠肌肉伸缩进行爬行，速度非常缓慢，每小时只能前进4米。但是不用担心它会轻而易举地被敌害消灭，在遇到敌害时，海参会迅速抛出内脏来迷惑敌人，但很快会生出新的内脏；即使它被吃掉一半，只要剩下的部分是头或肛门，它就能在几个月后重新长出全部身体；另外海参的泄殖腔的共生鱼也会放出许多令小动物致命的毒素。

海星的形状十分奇特，它并不是左右对称，而是由几根臂足构成，从身体中心向外呈放射状延伸。这种体形没有前后之分，它每

次移动时，任何一根臂足都可以充当前进的先锋，带领其他臂足朝同一方向前进。海星一般有 5 个腕，而且颜色并不相同，看上去就像海底的"星星"一样漂亮。海星的腕用途非常广，它们不但可以代替足来引路，还可以用末端的触手观察、感觉周围的环境。一旦它不小心仰天翻转，腕反过来又能扭转着地，把它的身体翻转回来。海星大多是肉食动物。它们常以腕紧紧捉住捕获物，当它在捕捉帘蛤时，能够产生 1350 克的拉力，从而使猎物的闭壳逐渐松弛下来，壳口张开，海星随即翻出贲门胃，包住蛤肉，美美地饱餐一顿。

海洋原索动物

原索动物是无脊椎动物进化到脊椎动物的过渡型。

原索动物分半索动物、脊索动物和头索动物。半索动物只有 50 种左右，它的代表物种是柱头虫。脊索动物是动物界中最高等的一门，它们形态结构复杂，数量庞大，有 7 万种之多，分为尾索动物、头索动物和脊椎动物三个亚门，其中海鞘是尾索动物的代表，文昌鱼是典型而古老的头索动物。尾索动物和头索动物是脊索动物中最原始的类群，是原索动物的主要组成部分。

海洋脊椎动物

海洋脊椎动物包括海洋鱼类、爬行类、鸟类和哺乳类。其中，海洋鱼类有圆口纲、软骨鱼纲和硬骨鱼纲。海洋爬行动物有棱皮龟科，如棱皮龟；海龟科，如蠵龟和玳瑁；海蛇科，如青环海蛇和青灰海蛇等。

海洋鸟类的种类不多，仅占世界鸟类种数的 0.02%，如信天翁、鹱、海燕、鲣鸟、军舰鸟和海雀等都是人们熟知的典型海洋鸟类。

海洋哺乳动物包括鲸目、鳍脚目和海牛目等。

最像植物的海洋动物——珊瑚

珊瑚的外观如同植物，其实，珊瑚的大部分是珊瑚虫死后遗留下来的钙质骨骼形成的，枝顶上的"花"则由无数的珊瑚虫聚集而成，它们利用触手捕食浮游生物。而有着"海洋中的热带雨林"美称的珊瑚礁，更是许多海洋生物栖息的乐园。

小档案：

类　别：腔肠类

科　属：珊瑚虫纲

寿　命：最长可超过1000年

分布地：热带、亚热带浅海区

珊瑚是海洋中最美丽的动物。它们的外形通常如树枝。可能很多人会因其美丽的外表而断定珊瑚是植物，但珊瑚却是地地道道的海洋动物。

珊瑚生活在温暖的海域中，它们拥挤地附着在礁岩上。新生的珊瑚虫就在死去的珊瑚虫留下的钙质骨骼上生长，从而形成五颜六色、形状各异的珊瑚，美艳动人。

珊瑚礁鱼类与珊瑚共同构成了珊瑚礁海域的动人景致，也谱写了海底世界的生命旋律。珊瑚礁鱼类不但种类繁多，且多数体态娇小，颜色鲜艳，成为珊瑚礁中的房客，同时也是构成珊瑚礁美景的重要元素之一。

在海底世界，珊瑚礁享有"海洋中的热带雨林"和"海上长城"等美誉，它们被人们认为是地球上最古老、最多姿多彩，也最珍贵的生态系统之一。每一年，在死去的珊瑚的尸骸上又会长出新的珊瑚，这样不断循环下去，就会形成一大片的珊瑚礁。于是这里也成了虾、蟹、小鱼的庇护所。尽管珊瑚礁在全球海洋中所占面积不足 0.25%，但却有超过 1/4 的已知海洋鱼类靠珊瑚礁生活，它们相互依存。

珊瑚是重要的有机珠宝之一。在古罗马，人们认为珊瑚具有防止灾祸、给人智慧、止血和祛热的功能，于是就把珊瑚做成的饰品挂在小孩脖子上，以保护他们免受危害；在意大利则流行将珊瑚做成辟邪的护身符；中国的医药名著《本草纲目》中，也有关于珊瑚可明目、除淤血的记载。

大部分动物的年龄都不容易判断，但珊瑚却是个例外，原因在于珊瑚会因季节的变化，累积形成较疏松或较紧密的骨骼。如果进一步将骨骼切成薄片，便能运用 X 光摄影，发现它们具有一明一暗的像树木年轮一样的痕迹，科学家们便可由此推算出珊瑚的年纪了。有些珊瑚高达 12 米，按每年生长 1 厘米的速率推算，这样的珊瑚应该已经约有一千年的寿命了。珊瑚没有老化现象，年龄越大、长得越高的珊瑚，越不容易死亡。

小百科：

珊瑚一般生活在水温不低于 20 摄氏度的热带、亚热带海洋里。那些水流快、温度高、洁净的浅海区是它们的首选。因此，在太平洋和印度洋的的一些岛屿附近，形成了宽阔的珊瑚礁。我国从台湾岛到南沙群岛，出产各种珊瑚。

温文尔雅的“使者”——海豹

海豹是一种温顺的海洋动物，它们生活在冰冷而幽暗的深海中，并且以独特的潜水本领赢得了“潜水冠军”的美誉。海豹皮下厚厚的脂肪保证了它们能够在寒冷的两极地区自在生活。

小档案：

类　别：哺乳类

科　属：海豹科

寿　命：10～30 年

分布地：温带和寒带沿海

海豹是哺乳动物，它们和陆地上的豹子是亲戚，但并不像豹子跑得那么快。因为海豹长了一双类似于鱼鳍的脚，所以在陆地上行走时的速度非常缓慢。

海豹最喜欢吃的食物是鱼类，尤其是那些人类不喜爱的鱼类。还有几种海豹喜欢捕食磷虾。别看海豹表面上看好像笨笨的，但在捕食方面可是高手。即使在冰冷漆黑的水里，海豹也能捕猎。因为长在它们脸上的须可以根据身边水压的变化估测到水中动物的方位，所以即使是眼睛看不见，海豹也能猎食。

海豹的皮毛短而且光滑，身体呈纺锤形，头部圆圆的，适于游泳。但它们的四肢并不发达，在陆

地上只能匍匐行进或扭动。海豹一生中大部分的时间在海中度过，仅在繁殖、哺乳和换毛时才到岸边或冰面上来。南极地区是它们最大的聚居地。

海豹在繁殖期不集群，幼崽出生后，组成家庭群，哺乳期过后，家庭群结束。海豹在冰上产崽，当冰融化之后，幼崽才开始独立在水中生活。少数繁殖期推后的海豹个体则不得不在沿岸的沙滩上产崽。

海豹的表皮下有一层厚厚的脂肪，我们称之为兽脂。兽脂同鲸脂一样，具有保暖作用。即使在两极地区，海豹也能长时间在水里逗留，它潜水时要闭上鼻孔和耳孔。一些海豹可以在水中逗留达30分钟之久，潜水深度达六百多米。海豹潜水时先吸一口气，然后屏住呼吸，同时心跳降至每分钟 4～15 次，这样可以让血液中的氧气

带纹海豹

带纹海豹是海豹中体形较小的一种，仅存在于北半球，主要分布于鄂霍茨克海和白令海。带纹海豹不大结群，也不喜欢人类打扰，喜欢栖息在浮冰上。

消耗得慢些。

海豹是鳍足类中分布最广的一类动物，从南极到北极，从海洋到淡水湖泊，都有海豹的足迹。南极海豹数量最多，其次是北冰洋、北大西洋、北太平洋等地。海豹是鳍足类中的一个大家族，全世界共有 19 种。其中有鼻子能膨胀的象海豹；头形似和尚的僧海豹；身披白色带纹的带纹海豹；体色斑驳的斑海豹；雄兽头上具有鸡冠状黑皮囊的冠海豹。海豹的身体不是很大，仅有 1.5 ~ 2 米长，雄兽的个体重 150 千克，雌兽略小，重约 120 千克。

在海洋公园的海豹池中，海豹整日游泳戏水、生动活泼，实在惹人喜爱。若加以训练，它们还会表演玩球等节目。海豹身体浑圆，皮下脂肪很厚，显得胖胖的，非常可爱。两只后脚向后伸展，犹如潜水员两只脚上的脚蹼。海豹游起泳来，两脚在水中左右摆动，推动身体迅速前进。海豹喜欢爬到礁石上，这时它们的动作就显得格外笨拙，善于游泳的四肢只能起支撑作用。海豹爬行的动作非常有趣，常引起观众们的朗朗笑声。

小百科：

海豹生活在"一夫多妻"制的社会中，一位海豹"丈夫"会率领许多海豹"妻子"共同生活。雄海豹扮演着"护花使者"的重要角色。在海滩上，人们常常可以看到一头威武的雄海豹，日夜守卫着上百头雌海豹的壮观景象。

深海中的"美丽杀手"——海胆

被 称为"龙宫刺猬""海底树球"的海胆是一种外形奇异的海洋动物。它看上去娇小可爱，然而在其小小的身躯下却隐藏着惊人的杀伤力。海胆的针刺极具威力，是海胆用以自卫的强大武器。当遇到敌害时，海胆的毒针便能显示出巨大的威力。

小档案：

类　别：棘皮动物

科　属：海胆纲

寿　命：100~200 年

分布地：世界各海洋

在浩瀚无垠的大海深处，有很多奇异的海洋动物徜徉其中。因海洋与陆地有着截然不同的生活环境，大海给海洋生物提供了广阔的生活空间，所以这些动物身上常常具有许多特殊的功能。

海胆是一种外形奇特的海洋动物，它个头不大，体形呈圆球状，直径大约二十厘米，犹如一个长满硬刺的紫色仙人球，有"海中刺

客"的雅号。海胆的外壳由 20 块石灰质
板片相连而成，以此来保护它内层薄薄
的皮肤。管足从板片上的一些小孔伸出，
其末端带有吸盘。通过向孔内压水，便
可以使海胆沿垂直表面向上攀升。

在体形各异、形态多样的海胆中，有一种个头最大的"超级海胆"。它的外壳上长着约二十厘米的针刺，这些针刺依靠与板片的连接而活动自如。海胆不但可以靠这些针刺行走，更重要的是可以借助它们防身。

在海胆身上的针刺之间分布着一些类似于钳子的器官。它们可以靠这些"小钳子"轻松地除去针刺之间的一切障碍物。

海胆与丛林中的刺猬有很多相似之处，所以渔民常把海胆称为"龙宫刺猬""海底树球"。在海胆身上常常寄居着如甲壳类、海参类以及蠕虫等许多软体动物。它们对于海胆来说是不速之客，然而却能与海胆和平相处，过着安逸的生活。

海胆有背光和昼伏夜出的习性，靠针刺防御敌害。当发现猎物或遭到攻击时，海胆便用针刺把毒液注入到对方体内。所以，人或动物都容易受到海胆的伤害。海胆的针刺排列呈螺旋状，并且在刺尖上生有倒钩。一旦海胆的刺进入人体，便很难将其取出，同时，毒液发挥了作用，致使伤者的伤情加重。当海胆与敌人作战时，它精力高度集中，常常运用灵活敏捷的针刺给敌人造成致命伤害。海胆的针刺极为敏感，即使是某个东西的影子落到身上，针刺也会马上行动起来，进入紧张的备战状态。当海胆攻击敌人时，它就会将几根针刺紧靠在一起组成尖利的"矛"，以便发出惊人的威力。

小百科：

海胆的大小差别很大，分布于世界各海洋，其中以印度洋、西太平洋种类最多。它们垂直分布于潮间带到水深 7000 米的海域，栖息于各种底质，有少数种类营钻石生活。常见的海胆的食物有：附着动物、有机碎屑、腐肉和粪便等。

鸟类王国

NIAOLEI WANGGUO

什么是鸟类

鸟类属于鸟纲，是脊椎动物亚门的一纲。体外一般长满羽毛，属于恒温动物。鸟类是卵生，鸟类的前肢成翅，有的已退化，但多数鸟类都能飞翔。科学研究发现，鸟类是从古代爬行类动物进化而来的，因此它们具有爬行类的一些特征。

 ## 鸟类的飞行

原始鸟类具有胸骨和龙骨突起等特征，更为重要的是它们还生有一种奇怪的肩骨，这是由于撑起羽毛的肌肉沿肩骨通过。在这一特征上，原始鸟类与现代鸟类十分相似。其次，原始鸟类的骨骼也是中空的，并且具有与飞翔有关的骨骼特征。这说明原始鸟类已经进化出了相当发达的飞行骨骼系统，而现代鸟类恰恰继承了它们祖先的这一优点。现代鸟类的骨骼成分内的无机盐较多，使全身骨骼坚硬而轻盈，以减轻体重。

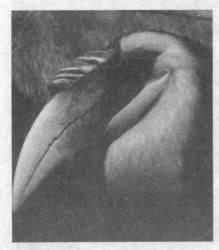

此外，鸟类的身体呈流线型、头部小而前方呈尖形，有利于减少飞行中空气的阻力；鸟类身体表面密布着向后倒长、顺滑的羽毛，不仅能减少飞行的阻力，而且有很好的隔热和保温作用，因为羽毛是热的不良导体；鸟类尾羽对飞行有重要的意义，起着舵的作用，具有变换和控制飞行方向与控制

平衡的作用；前肢成了前缘厚、后缘薄的翅膀，翅膀上分布着排列整齐的飞羽，通过不停地扇动两翅，利用飞羽鼓动气流，把空气压向身体后下方，产生了向上的举力，而利用这种举力，可使鸟类自由地飞翔。

鸟类的胸肌非常发达，如鸽子胸肌占其体重的 $1/5 \sim 1/4$，它的胸部隆起一团厚厚的肌肉，附在大片胸骨上，发达的大片肌骨还可作为翅膀的基座。依靠胸肌的收缩、舒张，带动翅膀上下扇动。通过胸肌的活动，能产生足以支持并超过鸟体重的动力，胸肌成了鸟儿的天然发动机。

鸟类的呼吸系统与飞行配合得更巧妙，它除了进行呼吸之外，还有由支气管末端黏膜膨大而成的气囊——颈气囊、锁骨气囊、前胸气囊和腹气囊等参与呼吸。鸟类气囊中充满气体，增加了体内的空气容量，并且鸟类进行的是双重呼吸。鸟飞得越快，呼吸作用就越强，氧的供应也就越多。所以鸟类在激烈的运动和高空飞行时，

不会因缺氧而窒息。气囊的妙用还不仅仅于此，它还有很好的散热作用。鸟类血液中的红血球数目较多，携带氧的机能十分旺盛，使得鸟类的新陈代谢加强；鸟类的生殖器官部分退化；鸟类没有膀胱，尿不能储存在体内；鸟类的直肠特别短，不能储存粪便。这些都有利于飞行时减轻负重。

 ## 鸟类的喙

鸟喙是由鸟的上下颌骨向前突出形成的角质结构。由于进食的方式和常吃的食物的不同，鸟类喙的形状也千差万别。

凹嘴鹈的喙最奇特之处在于颜色的丰富多彩，前半部为浅红色，中部为黑色，基部又变为深红色，其上还盖有一个黄色盾片，十分美丽。凹嘴鹈的喙向下略微凹陷，呈马鞍状。

爱吃鱼的鹈鹕拥有阔大而有皮囊的嘴巴，这个大嘴巴像一个灵巧的网兜，即使大鱼也难逃"法网"。它们的下颌上挂着的大型皮囊平时收缩，像个泄了气的皮球，装满食物后足够它们尽情享用一个星期之久。

鸵鸟的喙很软，虽不能用来抵御敌人，但对付它们最爱吃的食物——昆虫、青蛙、蜥蜴、蛇、草

强劲有力的喙
鹦鹉的喙像钳子一样强劲有力，这样的喙才最适合撬开果壳。

类、灌木等却是绰绰有余的。在繁殖期间，它们的喙还可以用来翻动自己的卵。麻雀主要以植物的种子、嫩叶为食，也吃昆虫。麻雀的喙为黑色，粗而短，呈圆锥形，非常有力，最适合啄开包裹紧密的谷物种子。

麻鹬的喙细得像一根粗铁丝，可长达 15 厘米，它前端向下弯曲，像一个坚硬细长的"铁爪"。有了这个秘密"武器"，麻鹬可以飞快且毫不费力地将深藏在沙土下的食物翻捡出来。

苇莺个子娇巧，体态纤长，喙细尖而柔弱。它们经常在苇塘沼泽的草间飞跃，捕食那些小昆虫。

巨嘴鸟有一个特别长且发达有力的五彩斑斓的喙。它们能轻而易举地夹起植物的果实。它们巨大的喙锋利而坚硬，能轻易地切开美味的浆果，吸食里面的"琼浆玉液"。

火烈鸟的喙像个过滤器。它们用喙和舌头间的缝隙来猎捕小植

物和动物，再将头部翻转，下喙朝上，上喙朝下，将小植物、虾和其他无脊椎动物分离出来，然后靠下喙和舌头鼓动，把水和泥沙排出口外。

啄木鸟被誉为"森林医生"，它医术高明，主要是因为它有一把神奇的"手术刀"，那就是它的喙。啄木鸟的喙坚硬无比，能把树皮啄穿，而且它们的舌头也能伸缩自如。舌尖上具有刺状倒钩，能将树皮下洞中的蛀虫毫不留情地钩出来。

雕、猫头鹰和隼坚实强劲的钩状喙能将猎物斩杀，并撕成小块，从而便于吞咽下去。若是体形较小的小动物，它们便一口吞下去。猫头鹰就能将田鼠整个儿吞掉。

鹦鹉的上喙很弯，呈钩状，能够把果实中柔软部分挖出来；而下喙则像一把凿子，可以把种子凿开。可见鹦鹉的喙能够有两种不同的取食方法。

犀鸟的喙虽长得出奇地粗大，但看起来却很精致。喙的角质中间是呈蜂窝状的，充满了空隙，轻巧而坚固。

鸭子用撇水法进食，即一边游泳，一边用喙在水面掠过。这时水会进入鸭子扁平的上下喙之间，水中的食物便被滤出，吞进肚中。

鸟类的脚爪

鸟离不开自己的翅膀，同样，为了生存鸟也离不开它们的双脚，因为无论是捕食还是休息，双脚都是它们重要的依靠。鸟类为了适应不同的生活环境，脚爪逐渐演化成不同的形状，从而具有不同的功能。现在，脚爪的形状也成了人们区分鸟类的重要依据。

喜欢在水中生活的游禽，它们的趾间有蹼，这样的脚虽不善于在陆地上行走，但却足以使游禽成为游泳、潜水的高手。

鸟儿休息时，身体重量压弯踝关节，那些使脚爪蜷缩的筋就绷紧，把脚爪扭成一个紧绷的弯钩，自动抓紧了脚下的枝条。

一此攀禽的脚爪短而健壮，如啄木鸟、杜鹃等。它们的脚爪两趾向前，另两趾向后，脚趾末端尖利弯曲的爪可抓牢树皮，这使它们成为爬树的高手。

鸵鸟强健的脚只有两个趾头，而且有很厚的胼胝，适合在沙漠里疾走，其速度可达 80 千米/时。鸵鸟强壮有力的长腿，是防御敌人的最佳武器。

鸡、孔雀、雉等的身体结实，腿脚强壮，爪尖利而弯曲，能将坚硬的土地刨开，寻找埋藏在下面的种子和昆虫。陆禽的脚爪就好

尖锐异常的鹰爪

鹰有 4 趾，趾尖具有锐利的钩爪，适于抓捕猎物。捕食时用一只脚上的利爪刺穿其胸膛，再用另一只脚上的利爪将其腹部剖开。

比"挖土机"。

冰天雪地，寒风刺骨时，鸟儿的脚会不会冻伤呢？鸟的脚是一层鳞皮包裹着的骨头和筋腱，看起来非常细。冬季时，鸟类通过体内的血管冷却舒张，来阻止大量的血液流向脚或头部以减少热量的散失，所以它们能够在寒冬中觅食而不会被冻伤。

雕的黑色脚爪尖且长，向中间弯曲，用那钢叉般的爪子，它不费吹灰之力便可抓住猎物，有时甚至能将猎物抓得窒息而死。雕是一种凶猛的肉食类鸟。

白鹭等水禽的嘴、颈、腿都较细长，脚趾也很长，没有蹼，它们喜欢在沼泽和浅水的滩涂蹚水行走，就好像踩高跷一样。它们从水中啄取鱼、虾、虫、蟹等小动物。

鸟类的食物

鸟类的食物多种多样，五花八门。就其食性而言，鸟类可分为四种：食肉性，如鹰；食谷性，如各种雀类；食虫性，如啄木鸟；

还有一种是杂食性的鸟类。

著名的食虫鸟类——鸫，主要以昆虫为食，尤其喜欢在草丛中、落叶下面寻找隐藏着的害虫。斑鸫鸟是中国常见的鸫鸟类，主要捕食蝗虫、金针虫、地老虎、玉米螟幼虫等农林害虫。它是保护庄稼的益鸟，是人类的朋友。

大雁常在陆地上觅食，尤其喜欢在农田麦地里寻找食物。大雁有时会侵害农作物，它们会吃一些庄稼，如麦苗、各种作

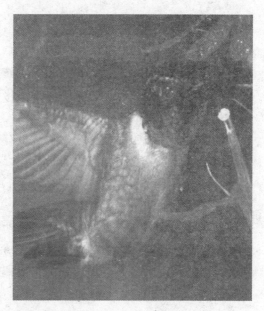

食量惊人的蜂鸟

蜂鸟每天消耗的食品远超过他们自身的体重，为了获取巨量的食物，它们每天必须采食数百朵花。

物种子及幼嫩的茎叶。南方地区秋天的时候，大雁便成了"破坏者"，那些庄稼的幼苗便遭殃了。

伯劳是独来独往的肉食性鸟类，它们常常把吃不完的猎物穿在尖刺或小树枝上，留着以后再吃。它主要以昆虫为食，如蝗虫，还有一些小型的动物，如小鸟、老鼠等。

聪明的鸟儿各有各的觅食技巧。英国的大山雀会啄开牛奶瓶上的铝箔，偷牛奶喝；乌鸦懂得把软体动物摔死在石头上，然后吃它们的尸体；树雀会把仙人掌刺折断，然后用刺插入洞内把虫子钩出来。

红嘴鸥是一种食肉的小鸟，鱼虾、昆虫是它们口中的美食。当肉类食物很少时，它们就吃人们抛弃在水中的有机污物，被人们称为"大海清洁工"。

牛背鹭主要以昆虫为食，它们喜欢在荒地出没，并常在牛背上啄食牛身上的寄生虫，为牛免费做清洁工作。

鸟类的消化系统

　　鸟类的消化系统包括喙、口腔、食道、嗉囊、胃、小肠、大肠及泄殖腔等。其他如肝、胰腺则属于消化器官。鸟类无牙齿，由角质硬喙所代替，喙的形态随种类不同而发生变化。鸟类的口腔仅为食物的通道，而无咀嚼的作用。食道富有弹性，下端膨大而形成嗉囊，主要以昆虫或食肉的鸟类为食，嗉囊可分泌液体，有利于软化食物。部分育雏期间的鸟类可由嗉囊中分泌乳状物，用以喂养雏鸟。鸟类的胃由腺胃（前胃）和肌胃（砂囊）构成，内层有黄色角质膜，肌胃内充满砂石，具有磨碎食物的功能。小肠是鸟类消化吸收的主要器官。食肉和食虫的鸟类大肠较短，粪便随时可由泄殖腔排于体外。食植物种子及其他植物的鸟类，肠道较长。肠道后端与泄殖腔相连，泄殖腔开口于体外。

　　鸟类的活动量很大，消化能力很强而且快。雀形目鸟的食物通过消化道的时间仅需 90 分钟，而不能消化的食物残渣以粪便形式排出。

　　绿嘴黑鸭的食物通过消化道仅需 30 分钟。这样高度的消化力，能为鸟类旺盛的能量代谢需要提供物质基础。因此，鸟类对饥饿非常敏感，鸟类每天的食量也比其他动物相对大，进食的次数也多。

杂食的绿嘴黑鸭
　　绿嘴黑鸭吃种子、水生植物和农作物，还会食用很多无脊椎动物，其中包括昆虫，软体动物，甲壳动物。

雀形目鸟类一天所吃的食物重量，相当于体重的10%~30%，体重1500克的雀鹰，一昼夜能吃800~1000克肉。由于能量代谢旺盛，能量消耗亦大。一只蜂鸟一天所吃的蜜汁相当于其体重的1倍。

 鸟类的巢穴

鸟类是筑巢的能工巧匠。它们的巢大都新颖别致，温暖舒适。多数鸟儿将巢单独筑在一个地方，少数鸟儿将巢筑在一起，形成鸟的"村庄"，有些小鸟还常常将巢建在大鸟巢的缝隙间。一个优秀的鸟巢将是鸟儿最美好的乐园，也是最理想的避风港。

长尾山雀的巢是用蜘蛛网、苔藓和动物皮毛建造而成的，精致而繁杂，里面有几百根小羽毛，安逸而舒适。它们的巢只有18厘米长，所以鸟妈妈必须把尾巴卷贴在巢边，才能挤进巢中生活。长尾山雀的巢几乎是所有鸟类中最狭窄的巢了。

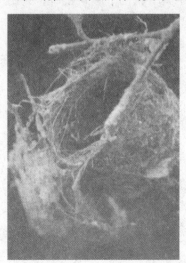

羽毛是鸟儿筑巢用的上等材料，也是多数鸟儿的首选。红尾鸲会收集其他鸟脱落的羽毛筑巢。此外，游禽和涉禽也会用自己的羽毛筑巢，一些像麻雀一样的小鸟，则会采集大鸟脱落的羽毛，作为天然的保温材料。利用羽毛筑巢，方便快捷，舒适温暖。

织布鸟的巢主要由草茎和叶构成，巢外包裹着动物毛发，里面还垫着细草茎、兽毛、羽毛片和叶子等，

悬吊在树枝上，看上去极为精致。

歌鸫的巢里面附着一层泥土，这也是它筑巢的与众不同之处。它先用细枝和草做成坚韧的杯状巢外层，然后把半液态的泥敷在里面。这种稀泥是用泥土、鸟的唾液和动物排泄物混合而成的，稀泥晾干后，鸟巢也就全部竣工了，它的巢牢固坚硬，别具一格。

苍头燕雀筑巢所选用的材料也是别具一格的。它筑巢时，先用蜘蛛丝把一丛分叉的树枝缠绕在一起作为巢的支撑物，然后用苔藓、地衣和草做成杯状巢，里面铺一层羽毛和动物毛发，以使巢

更加舒适。当苍头燕雀觉得另一个树枝更合适、安全时，就会举家迁移。

在沙滩的浅窝中或地面低洼处，夜鹰常常衔来一些干草、细枝条和羽毛，筑成一个简单朴素的窝，这个巢虽不起眼，但却是一个非常温暖的家。

金丝燕的巢被称为最美味的

巢。在海边的悬崖峭壁上，金丝燕用唾液夹杂着海藻，建造成茶杯一样的巢。金丝燕的巢可以食用，营养丰富，是天然的高级滋补品，这就是我们平常所说的"燕窝"。

蜂鸟的巢造型别致，是用丝状物编织而成的，看上去就像一只悬挂在树枝上精巧的小酒杯。有时人们便把它的巢叫做"酒杯巢"。

喜欢把巢建在悬崖石缝里的管鼻霍海燕是一种很怀旧、很专一的鸟。雌雄管鼻霍海燕通常有多年的配偶，它们每年都要飞到同一个地方筑巢，直到它们不能再繁殖了才会彼此分开。

春光明媚、春风和煦时，燕子便会很忙碌地从外面衔来湿泥、稻草、草根等和着自己的唾液，在房檐下迫不及待地堆砌出碗形或花瓶形的巢。燕子的泥巢保温性能极佳。

缝叶莺的巢也很独特，俗称"缝叶巢"。缝叶莺将一片或两片下垂的大叶片缝成一条大袋子，有时还用草叶将这个树叶袋子的叶柄系在茎枝上，以免叶柄脱落时叶巢落地。它的巢极安全舒适。

鸟类的栖息地

　　自然界中的每一种生物都有自己停泊的港湾，它们在那里安稳地生活，鸟类也是一样，它们有属于自己的栖息地，在那里，它们可以尽情地享受美好的生活。有的鸟类终生留在一个地方生活，如麻雀等留鸟；有的则在几个不同的栖息地之间来回迁徙，如大雁等候鸟。

　　靠近人类居住的地方成为一些鸟栖息的场所。我们周围的建筑物、公园、废墟、草地、果园等为鸟类提供了众多的筑巢场所，它们早已学会了和人类相处的方法。

　　热带雨林是鸟类最理想的栖息地。那里，终年气候温暖潮湿，为鸟类提供了充足的食物和安全的筑巢场所，因此，那里吸引了大批鸟类前去生活。

　　蕴藏着丰富的植物和野生动物资源的沼泽地是鸟儿天然的食物仓库。在这里，一群群白鹭欢快地嬉闹着，饿了便以沼泽里的小鱼、小虾为食，生活过得非常富有情趣。

　　高山也为鸟类提供了各种各样的栖息地，游隼喜欢栖息在极高的山顶上，而平时它们则在开阔的平地或山脚下的草原上空猎食。

炎热的干燥地区，如沙漠、灌木丛和草原，食物和水资源都十分匮乏，因此很少有鸟类在此栖息。而那些生活在非洲稀树草原的秃鹫则以动物的尸体为食，艰难地维持自己的生活。

靠近海边的区域是鸟类一个巨大的食物源。鸟儿们会把自己每天的生活安排得井井有条，它们在沙滩或海面上觅食；在峭壁上筑巢；在海面上飞翔，日子过得舒适惬意。

世界上气候最寒冷、风力最猛烈的地区要属极地和冻原，能终年在这里生存的鸟类几乎没有。大多数的鸟也只在这里度过短暂的夏季而已。

各种鸟类喜欢把自己的家建在森林里，它们在这里捕食、繁衍，抚育下一代。究其原因主要是这里树木繁多：有的鸟以树木的果实和种子为食，同时将树木的种子传遍四面八方；有的则以小动物为食，而大多数森林鸟类能终年吃虫，并且飞行速度快，活动范围广，是森林重要的生态卫士。

鸟 蛋

鸟的种类繁多，各类鸟蛋的形状、大小、色彩也各不相同。世界上大约有九千多种鸟类，可想而知，鸟蛋也是丰富多样的：绿的像翡翠，蓝的似宝石，红的如玛瑙……形形色色的鸟蛋便是天然的艺术品。大雁的蛋壳黄中透红，白鹭的蛋壳为翠绿色，短翅树莺的蛋壳是红宝石色，喜鹊和乌鸦的蛋壳是美丽的天蓝色，夜鹰的蛋壳上有如大理石般的纹理……这些形形色色的鸟蛋给人以无限的美感。

在洞穴内筑巢的鸟，它们的蛋通常为白色，这主要是由于它们的住处极为隐蔽，不易被敌人发现，所以这些蛋是比较安全的，鸟妈妈会很放心地去做其他事情。

大多数鸟蛋上有形态各异的斑纹，如点斑、块斑、条纹等。它们是一种天然的保护色，颇为巧妙地迷惑了鸟儿们的天敌。

鸟蛋的形状各异，绝大多数鸟蛋是椭圆形的，这样的蛋所占空间小，而且蛋一头大，一头尖小，这样有利于聚集在巢中孵化。但啄木鸟、猫头鹰等鸟的蛋却呈球形，而燕鸥及一些海鸟的蛋则呈陀螺形。这些鸟蛋真是千奇百怪，令人惊叹不已。

南美洲的蜂鸟蛋是世界上最小的鸟蛋，仅重0.5克，只有一颗绿豆那么大，大约200个蜂鸟蛋才抵得上一个普通的鸡蛋。世界上最大的蛋是鸵鸟所生的蛋，重1~1.5千克。迄今为止，已知世界上最大的鸵鸟蛋重达2.85千克。所有鸟蛋中形状最奇特、色彩最斑斓的要属海鸠的蛋了。蛋的前端特别尖，所以当它们滚动时会绕圈滚而非直线滚出去，这样可以防止雌鸟不小心把蛋踢下悬崖。鸟蛋独特的色彩也有助于雌海鸠识别自己的卵。一般生活在无遮蔽的旷野之中的鸟，通常生有斑点的蛋，这些斑点是保护色，可以有效地防止蛋受到敌害的盗食。

鸟的成长

雏鸟出壳时，会用它们嘴巴尖端临时长出的角质突起将壳啄破而出。破壳而出时，有些鸟类的雏鸟已充分发育，长有密绒毛，腿脚有力，被称为早成雏；有些鸟类的雏鸟则未发育完全，绒羽稀疏，眼睛也不能睁开，所以还需要父母精心细致地长期照料，这类幼鸟被称为晚成雏。从童年到独立生活，小鸟会历经很多磨难，它们的父母也会历尽千辛万苦。每一只生存下来的鸟儿都是鸟类家族中最勇敢、最聪慧的"自然骄子"。

可怜的小信天翁，当它们还不能飞翔的时候，就被狠心的父母抛弃了，留下它们独自依靠体内的脂肪过冬。坚强独立的短尾信天翁的幼鸟在受到攻击时，就会将体内产生的"胃油"喷射出去，以赶走天敌。

小军舰鸟是最让父母操心的一种雏鸟。当它们出生时，全身赤裸无羽，连眼睛都不能睁开。它们的父母每日不辞辛劳地外出捕食，捕到食物后，先在自己的胃中进行半消化，然后再吐出来喂给小军舰鸟吃。这种状况一直要到它们半岁以后，小军舰鸟能够单独飞行和捕食时为止。

有的幼鸟食量大得惊人，24 小时内会吃掉比自己体重还重的食物。如一只雌鹪鹩从黎明到黄昏一共要给它的幼鸟喂食 1217 次。可见，雌鹪鹩是多么伟大的母亲啊！

父母是孩子的启蒙老师。对于鸟儿来说，鸟爸爸和鸟妈妈的主要职责就是培养孩子独立生活的能力。幼隼的羽毛长满后，便站在

鸟类育儿

鸟类抚育幼鸟的行为是一种本能。亲鸟在育雏期间十分紧张，每天喂食活动要用 16～19 个小时，每天喂食往返，亲鸟衔食归来踩动树枝或巢时，幼雏就产生伸头张口反应。

巢边，开始练习拍打翅膀，或在巢的四周天空翱翔以练习捕捉猎物，它们会用喙将食物撕成小块，然后吞入腹中。

鸟类的求偶

　　鸟儿在寻求"意中人"时，也是绞尽脑汁地想出各种招数来表达爱意。它们的求偶方式千奇百怪、趣味无穷。有的唱着悦耳动听的歌；有的喜欢在空中表演特技飞行；有的跳着袅娜多姿的舞蹈以吸引对方的注意；有的则使出全身解数建造出精美的"宅院"向"爱人"炫耀自己的才华。

　　雄军舰鸟求偶有奇招，它把喉囊膨胀成一个颜色鲜红的大口袋来展示自己英俊的外貌，并不断地围绕雌鸟欢快地跳着圆圈舞。如果雌鸟也对雄鸟有情，它就会随着雄鸟一起翩翩起舞。

　　在交配季节时，雄孔雀为了赢得雌孔雀的芳心，会进行一场精彩美妙的求偶表演。雄孔雀把自己五光十色的羽毛展开，像一把色彩缤纷的大扇子。当"演出"达到高潮时，雄孔雀尾羽轻快地颤动，并发出"嘎嘎"的响声，以此来吸引异性的目光。

在鸟类众多的求爱方式中，鹤是最优雅、最有风度的。它们通过优美多姿的舞蹈走到一起，并结为伉俪。舞蹈动作包括上下摆头，快速拍动双翅，突然奔走或停止。双鹤沉醉在爱的海洋里，它们尽情地舞蹈，眉目传情，真可谓是"天造地设"的一对情侣。

燕鸥求爱的秘诀是"送礼"。雄燕鸥在向雌燕鸥求爱时，会先送给对方一条小鱼作为求爱礼物。如果对方欣然接受了，它们就会双双振翅高飞，并发出欢快的鸣叫声。

雄啄木鸟在求爱时，会发一份爱情"电报"，以表达自己深深的爱意，它们会用自己尖而硬的嘴在空心树干上有节奏地敲打，发出

追爱的雄鸟

鸟语花香是大自然春天的象征，叫声是鸟儿招引异性最常用的方法。还有些鸟类，以羽色炫耀取悦雌鸟，或以特殊动作来表示爱意。

清脆的"笃笃"声，迫不及待地向雌鸟发出爱的信号。

信天翁的求爱也非常富有绅士风度。信天翁求爱时，嘴里不停地唱着"咕咕"的歌声，同时非常有风度地向"意中人"不停地弯腰鞠躬。尤其喜欢把喙伸向空中，以便向它们的爱侣展示其优美的身体曲线。因此，它被称为"最有礼貌的求爱者"。

白鹳是一种以声传情的鸟。雄鸟在求婚时，用上下喙当做响板，发出响亮的"哒哒"声，深情地呼唤雌鸟，它的声音能够传到250米以外。远处的雌鸟闻声赶来，马上落进巢里，并以"啁啾"之声表示答应雄鸟的求爱。然后，雌雄白鹳双双竖尾展翅，翩翩起舞、相互啄喙，以表达心中无限的喜悦之情。

鸟类求偶

求偶炫耀行为不仅仅在于雄性动物能够吸引异性、找到配偶，还能使雌雄双方在生殖上达到和谐默契，使整个物种更加适应环境，成功地在自然界生存下去。

鸟类的运动方式

鸟有许多种不同的飞行运动方式。例如大雁，大雁总是进行集体生活，我们经常会在天空中看见一群群排着不同方阵的大雁，它们总是在天空中排出"一"字、"人"字或"V"形的飞行方阵。这是因为编队飞行能产生空气动力的作用，向下拍打翅膀时，附近就会产生上升气流以托起旁边的大雁。这样还产生了互帮互助的作用，也便于管理，所以方阵中每只大雁都会感到特别轻松和安全。

天鹅是一种非常美丽高雅的鸟类，然而由于天鹅的身体很重，所以起飞时，需要借助水面助跑，增加速度才能飞起来。在天空中飞行的天鹅，脖子笔直前伸，双腿则向后伸直，整个身体如一只向前疾驶的箭一般迅速。

红隼飞行主要靠快速拍翅，它很少展开双翅在天空中翱翔。当它需要仔细观察猎物时，就悬停在空中不动，它有时可以长达半个小时之久，它的耐力令人佩服，悬飞技术更是一流。

鸽子们不能跳跃，只会像人一样行走。它行走时悠闲自得，双腿前后交错。感到危险来临，便立即展翅而飞。

喜欢生活在沼泽地带的反嘴鹬，常在水中站立行走觅食。当水太深致使它们无法在水中站立时，它们就会像鸭子一样"倒立"着游泳，那情形十分新奇有趣。它们以这种方式来寻找水底的植物、昆虫或其他食物，非常便利。

蜂鸟具有倒退飞行的特殊本领。它们既可以像蜜蜂一样迅速地扇动翅膀，悬在半空中，也可以倒退着飞行，以调整自己与食物的距离，被誉为"特技飞行员"。

翠鸟被誉为"超低空飞行家"，它常在河面上搜寻鱼虾和小蟹。搜索猎物时，它们紧贴水面直线飞行，像一架腾飞的水翼船。它们飞行的时速可达 120 千米，能眨眼间便从水中迅速地将游鱼抓起。

鹈鹕体形硕大，其翼展达 3 米，能以超过 40 千米/时的速度长距离飞行。它们经常编队飞行，排成"V"形方阵，还合着节奏互相拍打翅膀，非常逍遥快活。

旋木雀的行走方式十分奇特，是螺旋前进的。在树上行走时，它是围着树干一圈一圈地往上爬，看上去好像是人在走盘山公路一样。

鸟类的迁徙

鸟类的迁徙是指鸟类中的某些种类，在每年春季和秋季时，有规律地沿相对固定的路线，在繁殖地区和越冬地区之间进行的长距离往返移居的行为现象。这些具有迁徙行为的鸟种即为候鸟，或称迁徙鸟。

候鸟的迁徙具有一定的时期性、方向性、路线性和地域性。鸟类根据是否迁徙以及迁徙方式的不同，分为留鸟、候鸟、漂鸟和迷鸟等。鸟类的迁徙行为具有明显的节律性。

鸟类迁徙是一个漫长且具有危险的旅程。长期自然历史的变迁形成了迁徙鸟每年呈现周期性的生理变化，神经调节和能量的存储均具节律性变动。鸟类迁徙期间的能量消耗完全依赖于体内以脂肪形式储存的能量，所以鸟类在迁徙之前要积聚脂肪，以保证迁徙时的能量消耗。飞越沙漠和海洋的迁徙鸟类，由于途中无法获取食物，

必须不停歇地一次完成整个迁徙，故而需要存储的脂肪更多。而其他大多数迁徙鸟类则可以中途降落到适宜的地点取食，并以很快的速度重新积聚脂肪，以便继续它们的旅程。

鸟类迁徙所涉及的一系列活动是受神经内分泌系统控制的。随着日照时间的延长，通过松果腺的作用，由脑下垂体分泌两种激素，即皮质酮和催乳素。这两种激素的综合作用，使鸟类完成了一系列的生理准备，包括生殖腺发育、脂肪积累以及定向能力的增强等。鸟类迁徙时，并非同一种鸟同时飞回或飞离出生地。首先是"先头部队"先飞，经过一段时间后，主群（基本群）开始迁飞，最后为迟到者（或掉队者）。这三群鸟的数量分配，随着鸟的种类和年份不同而有所差异，有的年份大部分鸟都紧跟着"先头部队"到来，有的则在其后很长时间到达。由于鸟类体形大小、食物特点和迁徙距离有所不同，各种鸟类迁徙的次序是不同的。观察表明，在春季北迁中，各种鸟迁徙的顺序不明显，而在秋季南迁中，一般小型鸟先行南迁，大型鸟最后迁往南方。迁徙旅途较远的鸟，春季开始迁飞的时间早，而秋季返回的时间却较晚。鸟类何时开始迁徙受多种因素制约，包括其内部的生理准备和外部环境条件（如日照时间长短、温度、降雨等）的影响。

形形色色的鸟

是地球上最可爱、最有趣的动物，形形色色的鸟构成了生动有趣的鸟类王国，它们或是飞行高手，或是建筑大师，或是凶猛的空中杀手，或是攀缘冠军，或是竞走健将……这些拥有美丽外衣的鸟儿是世界上最美的空中精灵。

鹤被称为"优雅的艺术家"，它们的舞蹈优美迷人。时而翩翩起舞，时而鞠躬，时而用头贴地，时而又纵身飞向空中，舞蹈的同时又有鸣声伴奏，不愧为鸟类中的"艺术家"。

仙鹤有一身洁白干净的羽毛，头顶裸露部分为朱红色，像戴着一顶红色的帽子，所以人们又称它们为丹顶鹤或"戴红帽的仙鹤"。它们常常像贵妇人那样庄重、高雅地来回踱步，有时也展翅奔跑或翩翩起舞，发出嘹亮的鸟鸣声。仙鹤是举止端庄典雅的鸟类。

非洲鸵鸟是鸟类中的"巨人"，它们是世界上现存体形最大的鸟。雄性鸵鸟身高可达 2.5 米，体重达 155 千克，而雌性鸵鸟则稍小一些。鸵鸟都不能飞行。

企鹅主要生活在终年积雪的南极，它们是大家公认的最不怕冷的鸟。它们的羽毛短小坚硬，皮下有一层厚厚的脂肪。穿上这样的厚实"外套"，企鹅便能在冰冻的世界里安适地"过日子"。

鹏鸊栖息于湖泊、江河、水库和池塘中，主要以各种小鱼、虾和水生昆虫为食。它们是一种体形短扁的小型游禽，由于游泳时常常只将头部露出水面，非常像鳖，所以人们又给它们起了一个绰号叫"王八鸭子"。

秃鹫的头顶和颈部都没有羽毛，光秃秃的很难看。秃鹫视觉敏锐，在几千米的高空能看见地上的一只小老鼠。此外，秃鹫是一种食腐鸟，它们具有极强的抵抗腐肉中病菌的能力，因此秃鹫又被人称为"不生病的清道夫"。

蜂鸟可以像蜜蜂一样摄取花蜜。蜂鸟只有人的手指一般大小，鸟蛋也只有一粒绿豆那么大，全身羽毛加起来不足 1000 根，它是世界上现存最小的鸟。蜂鸟的喙细长，如同一根吸管，能轻松自如地伸进喇叭形的花中取食。这种袖珍鸟也极具观赏价值。

有种体态轻盈的海鸥非常善于在空中叼食，它们往往跟随在游船或军舰后面，发出"哈哈哈哈"的鸣叫声，很像人的笑声，所以人们称这种会笑的海鸟为"笑鸥"。

鸢长着枯叶一样颜色的羽毛，它们白天藏在粗树枝上或草丛中，极难被发现，所以又被称为"贴树皮"。黄昏时常发出"咕咕咕"的鸣声，人们因此又给它取名为"夜刮子"。

杜鹃是较常见的鸟类。杜鹃一般背上为褐色，下腹白中掺有黑色横斑。它们常将卵产于画眉、喜鹊等鸟巢中，自己却从不筑巢孵育儿女，因此被认为是最偷懒、最不负责任的母亲。

猫头鹰被称为"夜间卫士"和"森林猎手"。它们是典型的森林鸟类，大都生活在有大片树林的地方。大多数猫头鹰以小动物为食，有些甚至还吃毒蛇。它们的进食方式很独特有趣，一般是以囫

囵吞枣的方式咽下去，不能消化的东西则会形成食茧吐出来。猫头鹰一般白天隐藏在密林深处的茂盛枝叶间，傍晚则飞到开阔地猎捕野兔、蛇和田鼠等。猫头鹰是捕鼠高手，每只每年至少要消灭一千多只田鼠。猫头鹰是益鸟，但许多人把它视为一种不吉利的鸟，因为它的叫声悲凉凄婉，像是哀悼的乐曲，

让人听了害怕、不舒服。

金雕被称为"空中霸王"。它是一种性情凶猛、体格强壮的猛禽。抓捕猎物时，它们的爪子像利刃般迅速刺中猎物的要害，奋力撕裂皮肉，扯破血管，甚至扭断猎物的脖子，手段异常残忍。金雕巨大的翅膀一扇就可以将弱小的猎物击倒在地，顷刻间昏死过去。

鸬鹚俗称"鱼鹰"，是过去渔民经常豢养的鸟类，驯化后用来捕鱼，被誉为"水中猎犬"。它们通体为黑色，眼睛为绿色，颊部是白色。善于游泳和潜水，喜欢群居，常在水边的大树上安家。

天鹅是有情有义的鸟类，它们一夫一妻，彼此终身不离不弃。当它们占有了其他水鸟的巢时，并不把别人的卵扔出去，而是一视同仁，和自己的卵一起孵化。晚上休息时，它们会轮流站岗放哨。

黄腹角雉的飞行能力极差，行动迟缓笨拙。若被人追赶时，只会逃跑，待到走投无路时，它们便会把头钻进灌木丛、杂草中，把后半身当做草丛隐蔽起来。这种掩耳盗铃的方法，起不到任何作用，因而被人称之为"呆鸡"。

太平鸟又叫做"十二黄"，有时也被人称为"连雀"。它主要分

圣洁的天鹅
　　天鹅是一种大型游禽，由于它们洁白的羽毛以及优雅的体态，古往今来都被誉为纯真与善良的化身。

布在欧亚大陆北部及美洲西北部，它们的 12 枚尾羽尖端均为黄色。太平鸟的食性较杂，它们夏天吃昆虫，冬天吃浆果。

在寒冷的冬季，簇山雀常常与黑顶山雀、啄木鸟等组成混合群，成百只混合着在森林中一起进行集体活动。

勺鸡又叫"柳叶鸡"。大多栖息于海拔 700~4000 米的针阔叶混交林中，以植物根、果实及种子为主食。它们终年成对活动，在地面以树和杂草筑巢。

中国的特产鸟类——褐马鸡，现已被列为国家一级保护动物。褐马鸡栖息在山地林区，白天活动于灌木丛中，晚上则住在大树杈上。在春季繁殖时期，它们分散活动；而在冬季时，褐马鸡则成帮结伙地集体觅食。

黄眉柳莺有着橄榄色的羽毛，它们的眼睛上长有一条淡黄色的眉纹，翅膀上有两道白斑，这是它们最显著的特征。它们活跃在树梢枝杈之间，不停地跳跃、啄食，非常活泼可爱。黄眉柳莺有时还被人们称为"柳串儿""树叶儿"等。

白鹇一般长期栖息在海拔 1400~1800 米高的深山密林中，它们以群居为主，上身和翅膀都是白色的，远远望去，像披着白色的"斗篷"一样，上面嵌着"V"形黑色条纹，体态娴雅而美丽。

栖息于森林的寿带鸟是一种相貌英俊的鸟，它们长着褐色眼睛、蓝嘴巴、褐色脚爪。雄鸟尾巴中间长着两根非常长的羽毛，比它们的身体还要长几倍，在阳光的照射下像一根透明的带子一样。

琴鸟的尾巴展开时像七弦琴一样，更绝妙的是它们可以模仿任何声音，包括鹦鹉扇翅膀的声音，因此它们是鸟类中有名的"音乐家"。

蓝鹇是中国台湾省的特有鸟类，栖息在海拔 2000～2300 米高的山地原始阔叶林中。它们喜欢过安静闲适的生活，所以被称为"林中隐士"。它们外表美丽动人，全身黑色且闪着蓝色金属光泽，羽冠和背部为白色，肩羽则为红褐色。

橡树啄木鸟喜欢过群居生活，但它们的团队数量也是有限的，数量一般不会超过 15 只。它们夏天吃昆虫，冬天吃橡树果实，常在枯树上凿出上千个洞作为"谷仓"，用来存储果实。

孔雀是闻名于世的观赏鸟类。美丽的雄孔雀有一身五彩斑斓的羽毛，它的主要作用是在繁殖季节用来吸引异性目光的。它们大部分时间会集群生活，只有在繁殖季节，雄孔雀才会确定自己的领地。处在繁殖季节的雄孔雀还会发出响亮的叫声，以吸引异性同伴的注意。

雄孔雀有一件光彩夺目的外衣，这主要是因为孔雀的羽毛表面覆盖着一层薄薄的角质，能把日光反射成灿烂耀眼的光彩。这种颜色会随光照角度的变化而改变。因此，在羽毛移动时，羽毛上闪烁不定的"伪眼"会随着位置的变化而改变颜色。雄孔雀就是以此增加自己亮丽的色彩的。世界上主要有三种孔雀，即绿孔雀、蓝孔雀和刚果孔雀，还有一

种数量稀少的由蓝孔雀变种的白孔雀。其中最常见的孔雀就是蓝孔雀。

中国云南南部和东南亚的开阔草原地带，遍布灌木、竹林和阔叶树木的空旷高原地带，尤其是沿河两岸及林间空地都是最适宜绿孔雀活动栖息的场所。绿孔雀常组成一雄多雌的小型群体，在凌晨和黄昏时外出觅食果实、种子和一些小动物。

生活在印度和斯里兰卡开阔森林中的蓝孔雀与绿孔雀很相似，但羽色以蓝色为主，头顶的冠羽呈球拍状。它们以地上的种子、果实、新叶和昆虫为食。

雄孔雀有五颜六色的尾羽。相比之下，雌孔雀身上的色彩就逊色多了，它们没有像雄孔雀那样美丽的尾羽。在繁殖季节，雄孔雀会展开尾屏炫耀自己五光十色的羽毛，这就是人们常说的"孔雀开屏"。

雌孔雀的羽毛主要呈棕色，这便于它们在繁殖后代时伪装自己。虽然雌孔雀没有色彩艳丽的尾屏，但是它们会选择拥有最美丽的尾屏的雄孔雀来进行交配。

孔雀天生就是个胆小鬼，它们常在天黑时才会出来活动。它们听觉灵敏，视觉敏锐，生性机警，往往躲在树上引颈环顾，一遇到风吹草动就会惊飞到另外一个地方。

鹦鹉大约有三百种，大部分栖息在南半球。它们喜欢成群结队地在雨林上空飞行，大多数鹦鹉拥有五彩缤纷的羽毛，主要以水果、种子和花蜜为食。由于人们滥伐森林和非法捕猎，鹦鹉数量在急剧减少，某些种类的鹦鹉甚至濒临灭绝了。

鹦鹉技艺高超。因为它们口舌灵巧，不仅能模仿人类说话、唱歌，甚至还能模仿二胡、小号的演奏声。鹦鹉是一种聪明伶俐的鸟类。

鹦鹉在求偶时，动作极其丰富有趣。两只鸟体的一些部位会互相亲密接触，如击喙、亲吻、抚弄羽毛、头颈交缠或彼此相依等。

色彩丰富的虹彩吸蜜鹦鹉是分布最为广泛的一种鹦鹉。它们成群结队地活动，生性活泼好动，叫声嘈杂，主要以花粉和花蜜为食，有时也吃种子、果实和昆虫。

鹦鹉是一种非常机警的鸟类，在觅食的时候，常常派出一名"哨兵"放哨。一旦发现危险，"哨兵"便会立即发出警报，告诉同伴赶快分散撤退。倘若一只鹦鹉不幸被打死，其他的鹦鹉会为其举行一个集体哀悼仪式，发出凄凉的悲鸣声，在它尸体周围久久盘旋，不肯离去，那场面很是让人感动。可见，除了人类，鸟类也是有情感的生灵。

鹦鹉是最不幸的宠物。每年有成千上万的鹦鹉在雨林中被捕捉，然后被贩卖到各个国家，长途运输的恶劣环境使许多鹦鹉死掉了。对于野生鹦鹉来说，被人捉去当宠物是一件非常不幸的事。虽然当

种类繁多的鹦鹉

鹦鹉种类繁多，形态各异，羽色艳丽。有华贵高雅的粉红凤头鹦鹉和葵花凤头鹦鹉、雄武多姿的金刚鹦鹉等等。

上了"宠物"，可以"衣食无忧"，主人也会很珍惜疼爱它们，但是无论是人还是动物，拥有自由才是最幸福的。

美国鸟类学家驯养了一批专为盲人引路的"导盲鹦鹉"，经过严格的训练后，它们能够辨别交通信号灯的颜色，并能根据具体情况，准确地向盲人发出"前进""停""左转弯""右转弯"等口令。"导盲鹦鹉"的出现，为盲人带来了方便。

紫蓝金刚鹦鹉是鹦鹉家族中体形最大的。它们生活在南美洲，全身都是紫蓝色的，只有眼睛周围是鲜艳的黄色。它们的喙比较大，能敲碎坚硬的棕榈树坚果的外壳。

"逃避现实" 的鸵鸟

一直以来，人们在形容一个人逃避现实时，总喜欢用鸵鸟来比喻。这是为什么呢？其实，这是人们对鸵鸟的一种误解，鸵鸟只是将脖子贴在地面上，而不是逃避现实，它把头贴近地面是一种自我保护意识的体现。

小档案：

类　　别：鸟类
科　　属：鸵鸟科
寿　　命：可达 30 年
分布地：非洲和阿拉伯国家

曾经有一个饲养鸵鸟多年的牧场工人说，鸵鸟从不把头埋进沙里，只是有时把脖子平贴在地面。其实，鸵鸟将脖子贴在地面是有一定作用的：一是能听到远处的声音，迅速避开危险；二是能够放

松一下肌肉，可以缓解疲劳；三是进行伪装，鸵鸟的羽毛是暗褐色的，当羽毛卷曲起来时，很像岩石或灌木，这样就很难被敌手发现了。

鸵鸟虽是鸟但不会飞。这是因为鸟类飞行时耗费的体能很大，能飞行的鸟一般身体比较轻盈，而且翅膀也很有力。为了适应荒漠平原的生活，鸵鸟在进化的过程中逐渐丧失了飞行能力。虽然不能飞翔，但鸵鸟奔跑的时速却是最高的，大约是 72 千米/时，因此鸵鸟堪称世界上跑得最快的鸟。鸵鸟的腿粗壮有力，一般长 1.3 米左右。鸵鸟只有两个向前伸的脚趾，脚趾下面有很厚的肉垫，这种带肉垫的脚趾是其他鸟类所没有的。这样的结构，使鸵鸟能在热带沙漠里尽情奔跑，却不会被热沙烫伤。

鸵鸟浑身是宝。鸵鸟肉是宴会上的一道名菜，它的肉脂肪含量低而且热量也很低，但很有营养。鸵鸟肉与牛肉味道相似，非常鲜嫩，西方人很喜欢吃；鸵鸟的羽毛也是一宝，它可以放到高档服饰上，是最好的装饰材料之一。鸵鸟长到

9 个月后，每年可从它身上取两次毛。鸵鸟毛的售价在西方市场上一路狂升，而且人们认为其质地比孔雀毛还好；同时由于鸵鸟皮高雅、坚韧的特性，其价格也不菲，甚至有超过其羽毛之势；鸵鸟蛋味道鲜美、营养丰富，而且在现存鸟类蛋中，鸵鸟蛋是最大的，因此，极具收藏价值。现在甚至有科学家利用

鸵鸟蛋来研究人类问题。人类的祖先曾用鸵鸟蛋壳作盛水的容器。现在这些曾作为容器的蛋壳被人们发现，科学家们根据蛋壳中的碳同位素的衰减率来推算当时人类所处的年代。

在沙漠这样的恶劣环境中，鸵鸟能够顽强地生活下来是很不容易的，它不但要躲避天敌还要防御自然灾难，像沙暴、移动沙丘等。因此鸵鸟一旦受惊或发现敌情，就迅速将脖子平贴在地面上，好像埋进沙子里一样。鸵鸟这么做，实际上是自我保护。

鸵鸟并非是胆小而逃避现实的鸟，一直以来人们都误解了鸵鸟。其实大自然的奥秘正在于此，需要我们不断地探索，才能越来越接近事实。

小百科：

所有鸟类蛋中最大的是鸵鸟蛋。鸵鸟蛋大约有二十厘米长，1～1.5 千克重，大约是二十四个鸡蛋的重量。鸵鸟的蛋壳有 1.5 毫米厚，虽然薄但很坚固。曾经有人实验过，一个鸵鸟蛋甚至能支撑一个成年人的重量。

"森林医生" 啄木鸟

啄木鸟是人类的朋友，更是树木的好朋友，人们都称啄木鸟为"森林医生"。啄木鸟可以说是最称职的"医生"，它每天忙忙碌碌，东敲敲，西敲敲，让那些害虫无处藏身。

小档案：

类　别：鸟类
科　属：啄木鸟科
寿　命：20 ~ 30 年
分布地：南美、东南亚

啄木鸟主要以一些害虫为食。它能把藏在树干中的害虫掏出来吃掉，这些害虫有时能把树活活地咬死。啄木鸟的长嘴就像医生的听诊器一样，它用这个又硬又尖的长嘴敲击树干时，发出各种声音。这些声音能准确地反映出害虫躲藏的位置。知道了害虫在哪以后，

啄木鸟就用嘴先啄开树皮。它的利嘴像凿子一样在树上凿个洞，然后插进害虫的巢内。啄木鸟还有神奇的舌头，其舌头又长又细，有 14 厘米长。啄木鸟的舌根上有两根能伸缩的筋，舌尖上还长着许多肉倒刺，而且它的舌尖能分泌黏液。因此，啄木鸟总是可以准确无误地钩出隐藏得很深的害虫，甚至是它们的幼虫和虫卵。

一般的鸟都是站在树枝上，而啄木鸟却是紧抓在树干上。原来，啄木鸟的四趾是对称分布的，有两个向前，两个向后，趾尖上的钩爪非常锐利，使它能牢牢地抓住树干。它的尾巴是支撑身子的支柱，羽轴硬而且有弹性。这样，啄木鸟不仅能抓住树干，还能够沿着树干快速移动。

现在，全世界发现的啄木鸟大约有一百八十种，有红头啄木鸟、橡树啄木鸟、大斑啄木鸟、黑啄木鸟、黑背二趾啄木鸟、绯红背啄木鸟等等。除澳大利亚和新几内亚这两地，啄木鸟的的足迹几乎遍布全世界，其中南美洲和东南亚的数量最多。每天，一只啄木鸟大约能除掉一千多只害虫。据估计，在上千亩的树林里，只要有 4 只啄木鸟就差不多能够控制害虫的蔓延。

"森林医生"啄木鸟

大多数啄木鸟终生在树林中生活，在树干上螺旋式地攀缘搜寻昆虫，啄木鸟以会从树木中啄出昆虫，会在死掉的树干中啄洞筑巢而出名。

美国科学家菲力普·梅依利用特制的电影摄影机惊奇地发现，啄木鸟找虫吃的时候，速度极快，几乎是空气中的音速的 1.4 倍。其头部摇动的速度也是非常快的，可能都高于子弹出膛的速度。那么这样看来，啄木鸟在啄木时，头部受到的冲击力是非常大的，几乎是其重力的 1000 倍。如此快的速度，树干当然会很容易被凿穿。但有人提出这样一个问题：在这样强烈而长久的震动下，啄木鸟为什么不会得脑震荡呢？

后来有科学家对啄木鸟的头部进行解剖，他们发现啄木鸟的头部有一套防震装置，能够保护啄木鸟。啄木鸟的头颅虽然很坚硬，但骨质却很疏松，而且里面充满气体，像海绵一样。在它的颅壳内

外脑膜与脑髓间有一个狭窄的空隙，这个空隙能够使震波的传导变弱。从头部的横切面上可以看出它的脑组织是很细密的，而且啄木鸟头部两侧还有防震的肌肉系统。啄木鸟啄树的时候，头部保持直线运动。这样，就不难理解为什么啄木鸟啄树时不得脑震荡了。后来科学家从中获得启示，制成了防震头盔。

现在有科学家提出，并不是所有的啄木鸟都吃害虫，有些啄木鸟不喜欢吃害虫，倒喜欢吃树上的果实；有些啄木鸟则喜欢在树干上啄一些小洞，它啄洞并不是为了捉害虫，而是要吸食树的汁液。这样看来，啄木鸟也是有善恶之分的。

小百科：

啄木鸟在专心啄击树木时，常有山雀在后面跟随，它们一边吃啄木鸟遗漏的"饭菜"，一边鸣叫歌唱。原来，啄木鸟把它们当做自己的"哨兵"，如果山雀发现危险就会飞走，啄木鸟便知道情况不妙，会立即躲藏起来。

两栖动物

LIANGXI DONGWU

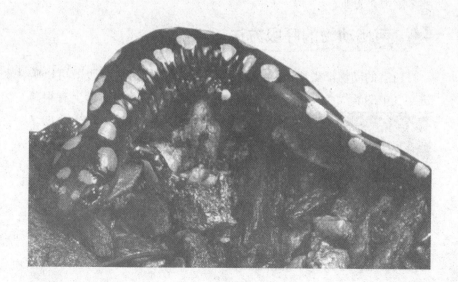

两栖动物

两栖动物对我们来说并不陌生，像青蛙、蟾蜍等都属于两栖动物。两栖动物属脊椎动物亚门的一纲，它是原始的、初登陆的、具五趾型四肢的变温动物。幼体生活在水中，而成体生活在陆地上。除南极洲和海洋性岛屿外，两栖动物遍布全球。

什么是两栖动物

两栖动物既能在水中生活，又能在陆地上生存，是一种由水生到陆生的过渡型生物，它们一般在水中产卵，幼体发育成熟后能登陆生活。它们属于体温不恒定的冷血动物，因此它们既不能在海洋中生活，也不能在荒漠中生活，在寒冷或酷热的季节里两栖动物需要冬眠或是夏眠。

两栖动物的呼吸方法

所有的动物都需要氧气才能生存。两栖动物通过呼吸既可以吸进空气中的氧气，又可以吸进水中的氧气。两栖动物血管上有很薄

的一层潮湿表面，氧气穿过这层表面进人血液，然后血液载着氧气流遍动物的全身，最后到达需要氧气的部位。在变为成体之前，多数两栖动物的幼体要在水中生活。开始时它们没有肺，只是通过羽状鳃进行

呼吸。鳃中有大量的小血管，能从水中吸取氧气。鳃可在体外也可在体内，这取决于幼体的年龄或两栖动物的种类。两栖动物成年后多数只用肺呼吸。肺就像是体内很薄的囊，与微小的血管相连。两栖动物把空气吸入肺，氧气就逐步进入血管。

两栖动物不仅能用肺呼吸，还能通过皮肤进行呼吸。它们的皮肤很薄，且光滑湿润，上面覆盖一层被称为黏液的物质。表皮下分布着许多血管。氧气在黏液外溶解，并从这里进入皮下血管。

另外，两栖动物还能通过嘴里湿润的衬层呼吸。空气通过皮肤进入体内，皮肤里面排列着许多血管，这样氧可以渗入体内。两栖类的皮肤起到辅助呼吸的作用。

两栖动物的体温控制

当两栖动物觉得冷时，行动就会慢下来，因此它们必须保持体温，从而保持活跃状态。与恒温动物不同，两栖动物感觉冷时，必须从外界取暖。比如，它们会坐在阳光下取暖，一旦暖和了就又回到阴凉处以便让身体的温度稳定下来。当两栖动物设法取暖时，它身上湿润的皮肤会给自己带来麻烦。皮肤上黏液中的水分变成水蒸气，在这个过程中会消耗许多热量，这样两栖动物的体温就会凉下来。这也意味着，它会失去许多水分，从而面临干燥的危险。这就是为什么两栖动物在潮湿地区生活的原因之一。而有些生活在干燥地区的青蛙能躲在一米多深的地下，等上 6 个月直到雨季来临，它们的皮肤形成一层薄壳，有助于防止体内水分的蒸发。

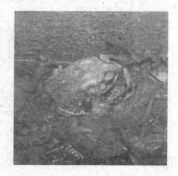

在一些国家，两栖动物在寒冷的冬季不能得到足够的热量保持活跃状态。在这种情况下，两栖动物会寻找一个地方，如在泥泞的塘底躲避低温。这时，它就进入一种像睡觉的状态，叫冬眠。冬眠期间，两栖动物的心脏跳动缓慢，体温也很低。两栖动物也停止用肺呼吸而是通过皮肤得到全部的氧，有几种生活在北美洲的青蛙确实能在十分寒冷的条件下生存。青蛙体内大部分水分变成冰，但它还可以活着。

两栖动物的血液循环

两栖动物的心脏位于体腔前端胸骨背面，被包围在心腔内，其后是红褐色的肝脏。在心脏腹面用镊子夹起半透明的围心膜并剪开，心脏便暴露出来。从腹面观察心脏的外形及其周围血管。心房：心脏前部的两个薄壁有皱襞的囊状体，左右各一。心室：一个，连于心房之后的厚壁部分，圆锥形，心室尖向后。在两心房和心室交界处有明显的冠状沟，紧贴冠状沟有黄色脂肪体。动脉圆锥：由心室腹面右上方发出的一条较粗的肌质管，色淡。其后端稍膨大，与心室相通。其前端分为两支，即左右动脉干。静脉窦：在心脏背面，为一暗红色三角形的薄壁囊。其左右两个前角分别连接左右前大静脉，后角连接后大静脉。静脉窦开口于右心房。在静脉窦的前缘左侧，有很细的肺静脉注入左心房。两栖动物的心脏由水生过渡到陆生，产生了肺，血液循环也随之发生了改变，除了体循环外，还有经过肺的肺循环。同时，心房已分隔为左右两部分。体静脉带来的缺氧的静脉血汇集入静脉窦后，再进入右心房。肺静脉内充氧的动脉血进入左心房，使它们分而不混。但心室还只有一个，因为心室

壁上的肌肉柱呈海绵状能吸进血液，从而减少了从两个心房来的血液的混合程度。又由于动脉圆锥偏于心室的右方，且动脉圆锥内有一个螺旋瓣，因此当心室收缩时，

心室右部缺氧的静脉血首先压出，进入肺动脉；其次流出的混合血进入主动脉弓；最后是心室左方的含氧的动脉血进入颈总动脉，循环到头部，保证了脑部氧供应。由于两栖动物只有一个心室，虽然有一定机制保证含氧高的血与含氧低的血不相混合，但毕竟是不完全的双循环，二类血在心室中总有一部分相混合，故两栖类输氧效率不高。

两栖动物的冬眠

当气候渐渐变冷，食物缺乏的时候，两栖动物就进入冬眠状态，从而减少机体新陈代谢，使其维持在一个比较低的基础代谢消耗范围内，以期获得更大的生存空间，从而适应变化的内外环境。所以，冬眠现象是动物生存斗争中对不良环境适应的一种方法。

两栖动物进入冬眠状态，不吃东西也不会饿死。因为在这之前，

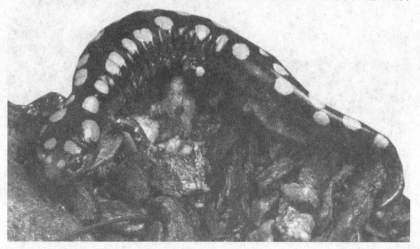

蝾螈

蝾螈是有尾两栖动物，它们一般生活在潮湿的环境中，当周围的环境到0℃以下时，它们就会进入冬眠状态。

它们早就开始了冬眠的准备工作。这些动物冬眠前的准备工作很特殊，那就是从夏季开始，便在自己的身体内部储存大量的营养物质，足以满足整个冬眠过程中身体需要的基础代谢消耗。尽管在身体内积累大量营养物质，可是冬眠期长达数月之久，怎么够用呢？原来两栖动物冬眠期间，伏在窝里不吃也不动，或者很少活动，呼吸次数减少，体温下降，血液循环减慢，新陈代谢非常微弱，所消耗的营养物质也就大大减少了，所以体内储藏的营养物质是足够供应的。等到身体内所储藏的营养物质几乎要用光时，冬眠期也将结束了。

　　冬眠过后的动物，身体显得非常瘦弱，醒来后要吞食大量食物

蟾蜍
　　蟾蜍属于变温动物，所以当外界温度降低时，它们的体温也随之降低，因而不得不进入冬眠状态。冬眠也叫冬蛰，是动物休眠现象的一种。

来补充营养，以尽快恢复身体常态。动物为什么能冬眠？对此人类已经探索了一百多年。近年来，美国科学家终于揭开了这个谜底。实验证明，在一些动物的血液中存在着一种能够诱发动物冬眠的物质。经过无数次试验，科学家终于提炼出了这种诱发物质，这是一种类似荷尔蒙的特殊蛋白质，被称为"冬眠激素"。科学家指出，动物冬眠是一种对不利环境的适应。动物在冬眠中，一方面是由于在冬眠的状态下，体温降低，能减少98%的代谢活动而适应外环境，造成了整个生理活动的"沉睡"状态，也就是生命过程相对延长了，动物的寿命也就延长了；另一方面刺激机体进行应激反应，重新调整机体内环境所存在的种种隐患，产生了推陈出新、优胜劣汰、脱胎换骨之效，从而使动物防治种种疾病。对于动物冬眠而言，它既是一个适应外环境而延续生命的调节过程，又是一个适应内环境而防治疾病的调节过程。所以说，对于低级动物而言，动物冬眠现象是其适应环境生存的一项重要功能。

 ## 两栖动物的防卫能力

　　两栖动物会被哺乳动物、鸟类、爬行动物和其他的动物吃掉。因此两栖动物需要采取一些抵制攻击的措施。最好的方法之一就是把自己隐藏起来。如果遇到危险，许多两栖动物会静止不动并隐藏起来。有的还有保护色帮助它们伪装起来，与周围环境融为一体。

　　蚓螈能在地下挖洞从而很好地隐藏起来。有些两栖动物根本不需要藏起来。它们有十分鲜艳的颜色，就像要吸引注意力一样。实际上它们的颜色是个警告。这种两栖动物皮肤上有能产生毒液的腺体。有些蛙类毒性很大，所有吃它的动物都会中毒而死。有几种没毒的两柄动物也模仿有毒动物的颜色，因此它们也不会被吃掉。

　　许多青蛙和蟾蜍能使自己看上去很大，以吓住攻击者。它们吹气使自己膨胀。除了使自己看上去具有威慑力，还使自己看起来很难被吞下。

　　有时蝾螈受到攻击时，它们将自己的尾巴断掉，攻击者的注意力就会被吸引到扭动的断尾上，这样蝾螈就跑掉了。

两栖动物的行动方式

两栖动物以各种不同的方式移动。无腿蚓螈会在软地里挖洞，它们的头部肌肉强壮，可以像鱼游泳一样左右弯曲进入地下。

大多数青蛙和蟾蜍的后腿比前腿要长得多。青蛙的后腿通常很有力，用于跳跃。它用大腿强劲的肌肉伸直后腿，使劲一蹬从而推动自己在空中跃过。当青蛙在地上行走时也用前腿。蟾蜍并不像青蛙那样跳跃，它们在地上齐足跳跃或行走。所有的青蛙和蟾蜍几乎以同样的方式游泳——后腿蹬水，身体向前伸展，用前腿掌握方向。后脚趾间的蹼有助于两栖动物更有效地推动前进，就像潜水员的脚蹼一样。有些生活在林中的青蛙能在空中短距离滑翔。滑翔时它们展开手指间和脚趾间的蹼，蹼就像是小降落伞，使青蛙慢慢下落，在空中停留较长时间。生活在地面上的水螈和蝾螈站立时两脚分得很开，行走时身体左右弯曲以便使自己的步伐尽可能大。水中的水螈很少用腿，它们游泳时整个身体呈"S"形前进，有点像鱼。

两栖动物的求偶

　　像大多数动物一样，两栖动物在繁殖期要寻找配偶。所有的雌性两栖动物都产卵，卵被雄性两栖动物受精后，就能生出幼体。

　　许多两栖动物，特别是青蛙和蟾蜍，会回到自己出生的池塘或小溪寻找配偶。它们常常要跳跃或爬行几千米才能到达那里。一般来说，大量的雄蛙会首先到达。开始的时候，这些雄蛙很安静，但几天后就开始"歌咏"表演了。这种叫喊比赛实际上是一场领地之战，通常叫声最响亮的雄蛙会赢得雌蛙的芳心。以后，雌蛙到来，雄蛙会用一种不同于战斗叫声的叫喊设法吸引它们。水螈并不叫喊，雄螈用尾巴冲向雌螈跳舞并发出一种特殊的气味以吸引雌螈。

　　大多数雌蛙会在水中产卵。产卵前，雄蛙爬到雌蛙的背上。当雌性产卵时，雄性向卵上射出一种乳状液体使蛙卵受精。雄水螈和蝾螈会产生叫精子包囊的小小胶状团，雌性把这些小团弄进身体上一个特殊的叫泄殖腔的开口内。在雌性体内这些胶状精子包囊液化，在卵子产出之前为其受精。雄蝾螈能直接在雌性体内为卵子受精。有些种类的雌水螈和蝾螈并不产卵，受精卵在雌性体内直接长成小螈。

两栖动物的典型代表
——蛙和蟾蜍

两栖动物顾名思义就是指那些既可以在水中生活，又可以在陆地上生活的动物。它们幼时生活在水中，用腮呼吸，长大后可以生活在陆地上，用肺和皮肤呼吸，而且体温会随着气温的高低而改变。

小档案：

类　　别：两栖类

科　　属：蟾蜍科蟾蜍属

寿　　命：一般十余年

分布地：遍及全球（除少数地区外）

蛙和蟾蜍的数量大约占所有两栖动物总数的90％。它们身体短小，后腿有力，而且没有尾巴。蛙是一个跳跃天才，它们通常跳跃前进，并且跳得很高。蟾蜍一般是爬行前进，大多数生活在陆地上。

蛙的身形十分适合跳跃，后腿长而有力，能跳得很高；前腿较短，在落地时起到缓冲作用。

雄性蛙和蟾蜍一般以"优美的歌声"来吸引异性。它们的"曲调"也各不相同，有的呱呱地叫，有的吱吱地叫，有的甚至发出啸叫声，还有的鼓起喉囊，令叫声更响亮。

树蛙的一生基本上是在树上度过的。树蛙细长的脚趾上有趾垫，具有吸盘功能。雌树蛙将卵产在悬垂在池塘边的大树叶上，蝌蚪孵出以后，便会掉入水中，长成成体后再爬上树。

蟾蜍俗称"癞蛤蟆"，蟾蜍捉虫子的速度非常快，其本领比青蛙还要高，称得上是"百发百中"。有人统计过，一只蟾蜍在 3 个月里能够吃掉一万多只害虫。

牛蛙是北美洲最大的蛙类，它们常常生活在湖泊和长满水草的浅滩上。牛蛙的食物种类很多，只要是它能吞得下，就绝不会放过。它们主要在夜间捕食鱼、小型乌龟、老鼠，甚至小鸟。

在亚洲和中美洲，生活着一些长有宽大蹼足的蛙，蹼足完全伸展后可以使蛙从一棵树上飞到另一棵树上，以逃避敌人，跳跃距离可达 15 米以上。

绿蟾身上布满了块状的亮绿色图案，其余部分则呈淡褐色，它看上去就像穿了一件迷彩服，这身"迷彩服"能在它们活动时起到很好的伪装效果。在气候温暖的地方，绿蟾常常会居住在房屋附近，有时会聚在灯下捕食喜光的昆虫。

角蛙长着一张宽大的嘴巴和两只向外突出的眼睛，眼睛上方长

有一个角状突起，用来保护眼睛。角蛙经常将自己埋在泥土中，瞪着两只大眼睛，安静地等待猎物闯入自己的视线。一旦发现目标，它便迅速跳出泥土，将猎物一口吞下。

欧洲黄条蟾总是生活在近海的沙质地区。黄条蟾的背上有一条鲜明的黄色条纹，非常容易辨认。它们的叫声像一台轰鸣的机器，异常响亮。虽然它们每次鸣叫只持续几秒钟，但在 2000 米以外的地方都能听到。

雌产婆蟾蜍产下串卵后，雄产婆蟾蜍便会把它们缠在自己的后腿和背上，以此来保护卵的安全。雄产婆蟾蜍还经常把卵放入水中，使它们保持湿润。在卵孵化之前，雄产婆蟾蜍会一直保护着它们。

小百科：

牛蛙是蛙科蛙属中的一种，原产于北美落基山脉以东地区。其体长 21 厘米，后肢粗壮。牛蛙的皮肤较光滑，叫声响亮，栖息于水生植物丰富的小湖、河塘或浅水水域里，多分散活动，喜欢夜间觅食，大多在夏季繁殖。

神奇的有尾两栖动物

两栖类动物中有一些很奇特的动物，它们有尾有足，而且身体上有许多艳丽的颜色，或像鸡冠状的突起。这类两栖动物叫做有尾两栖动物。它们有的在水中生活，有的在陆地上生活，蝾螈、大鲵等就是这类有尾两栖类动物中的佼佼者。

小档案：

类　别：两栖类
科　属：有尾目、蝾螈科
寿　命：10～15 年
分布地：北非、欧洲、亚洲东部、北美东部和南部

有尾两栖动物现存约三百六十多种，它们有的住在陆地的潮湿地带，在水中产卵；有的一生都离不开水。有尾两栖动物的生存能力很强，甚至失去一只眼睛或腿，也能继续生存。

蝾螈科属于有尾目的一科。虎纹真螈是现存陆地上最长的有尾两栖动物，体长可达 0.4 米。虎纹真螈生活在北美洲潮湿的平原、草地或山林中，到晚上才出来捕食蚯蚓和蜗牛。

幼体红蝾螈，其身体是鲜红色的，但随着年龄的增长，颜色会逐渐变暗。红蝾螈没有肺，幼时主要依靠外鳃呼吸。

蝾螈的头部扁平，皮肤光滑，上面长着许多小突起，四肢纤弱细小，趾间没有蹼，并且长有尾巴。它们主要生活在丘陵、沼泽地、池塘或稻田及其附近。蝾螈爬行缓慢，擅长游泳，常在水底捕食蚯蚓、软体动物、昆虫幼虫等，它们主要分布在亚洲东部地区。

大鲵属有尾目隐鳃鲵科，它是有尾目中体形最大的动物。大鲵也是世界上最大的两栖动物，生活在湍急而清澈的溪水中，主要捕食昆虫、青蛙和鱼类。由于环境污染和人类的食用，目前，大鲵的数量非常稀少，已成为一种濒临灭绝的动物。

欧瘰螈属于小型或中等大小的真螈。在繁殖季节，雄欧瘰螈的背部会长出一个锯齿状的背饰。雄性欧瘰螈会跳一种美丽的舞蹈来吸引同类雌性。

火蝾螈总是生活在陆地上。它们色彩艳丽，身上的黄色和黑色图案是对捕食者的警告，火蝾螈大都生活在森林或其他潮湿地区，通常在夜里才出来活动，在陆地上交配。雌性火蝾螈将幼螈产在水里。

土鳗是一种较为特殊的有尾两栖动物。土鳗的一生都是在沼泽和溪流中度过的。土鳗长着鳃，眼睛很小，没有眼皮，只长着很短的前腿，没有后腿。

小百科：

大鲵是有尾目隐鳃科大鲵属中的种，其头部极扁平，背腹面密生了许多成对的小疣粒，眼小且没有眼睑，上下颌有细齿，躯干扁平而且粗壮，四肢短小，身体呈棕褐色，有的带有深色斑。大鲵已被列为国家保护动物。

爬行动物

PAXING DONGWU

什么是爬行动物

爬行动物是由两栖动物进化而来的，可以说它是比两栖类动物稍高级的一种动物。它有许多生活习性仍与两栖类相同或相似，但也有一些两栖类动物所不具备的特殊功能。可以说它是真正的陆生脊椎动物。

什么是爬行动物

爬行动物是由两栖动物进化而来的，它们仍保持着两栖动物的一些特征，可以用肺呼吸，而且它们的体温仍然不恒定。大多数爬行动物体表都有鳞片或骨板，皮肤没有呼吸功能，很少有皮肤腺，这样可以防止体内水分的蒸发。爬行时，爬行动物腹面贴地，用肺进行呼吸。爬行动物主要分为龟鳖类、鳄形类、蜥蜴类、蛇类和喙头类，常见的有蛇、龟、鳄鱼、壁虎等。

爬行动物的身体构造

与柔软裸露的两栖类动物身体相比较，爬行类大都披着防水的外骨骼。外骨骼由角质形成的死去的角质鳞组成。爬行类皮肤的表皮层由蛋白质构成。爬行类的鳞片不像鱼的鳞片，鱼鳞是骨质的，为真皮结构，而爬行类的鳞片是扁平的，互相接嵌在一起或适当、有规律地分开。在有些情况下它犹如屋顶的复

瓦状。在每个鳞片底下是真皮的血管乳突供给鳞片营养。爬行类大多有蜕皮的现象。

早期爬行类（杯龙类）与两栖迷齿螈的骨骼是相似的。后期爬行类的最大变化包括失去头骨成分和更适应于行动。

鳄鱼的外鼻孔在头部的背面，内鼻孔在喉咙的后面，能因折叠而合拢关闭。因此爬行类浸入水中抓捕猎物时能够呼吸。

爬行类头骨和脊柱形成更灵活的关节，肢带更有效地支持着身体。爬行类钩样齿变化不大，没有显出像哺乳类牙齿那样的分化；牙齿生在槽内（槽生齿）或融合在骨的表面（端生齿）。许多牙齿排成两行，沿着上颌的前颌骨和下颌的齿骨。龟类牙齿很少，仅有角质的喙。

爬行类的体腔大部分是以肠系膜、韧带和腹膜档分隔成囊。心脏包在围心囊内。龟的肺脏位于腹腔的外边。蜥蜴类以肝膈将腹腔分成两部分，而鳄类具有一种类似膈，内含肌肉并参与呼吸活动的结构，这种结构与哺乳类的膈是完全不一样的两种组织。

爬行动物的感觉器官

在试验中，他们把几只蜥蜴放在高频电磁场环境里，结果几天后发现，这些接受试验的蜥蜴全部死去了。人们又将一些蜥蜴改放到低频地磁场环境里，它们就显得特别活跃，跟在试验之前的表现如出一辙——它们都想从圈里跑出去，频繁地挪动地方，明显地表现出烦躁不安。然而试验结果却给生物学家们出了一道难题——怎样才能将强磁暴产生的干扰同地震征兆区别开来？于是他们在试验场安装了地磁仪，由它们来测定地磁干扰强度，即所谓的行星磁感应指数。如果地磁场出现高频扰动或剧烈变化时，爬行动物便有了感觉，开始有所活跃。那就该发生地震了。

爬行动物有一种所谓的腔壁器官，称为"第三只眼"。这个器官位于间脑的末端，在负责调节神经系统的骨骺旁边。有趣的是，蜥蜴的这个器官通过一个专门的小孔伸到了体外。蛇类的"第三只眼"藏在颅骨里面。

动物真有第三只眼吗？专家们认为蜥蜴作为现存最原始的爬行动物之一，分布范围很广。以第三只眼而著称于世的蜥蜴是生活在

库克海峡中的楔齿蜥，楔齿蜥的特征就是其颅顶上具有第三只眼，幼年的时候能感光，而成年后基本失去作用。这种颅顶眼是从早期脊椎动物遗留下来的特征，在爬行动物中，某些蜥蜴也有诸如此类的特征。

爬行动物的红外探测

蛇类等爬行动物既可以像人一样，用眼睛建立起周围世界的视觉影像，同时又能使用特别敏感的红外感受器，根据周围物体发出的热量建立一个相似的图像。而且，这两套系统可以来回切换或同时使用。

蛇是怎么利用很少的器官来发挥较多功能的呢？人们研究发现：响尾蛇、五步蛇、竹叶青等在其头部两侧眼睛和鼻腔间都有一个小凹陷，被称为"颊窝"，其中有数千个受体细胞，这些受体细胞其实就是体积极小的红外感受器。这些红外感受器体积虽小，但灵敏度却比至今为止最好的人造红外传感器要强 10 倍以上。与人造传感器不同的是，这些传感器不需要精心制作的冷却系统，在受损之后，能自行修复。

然而蛇怎么能将红外辐射转换成中枢神经系统可以处理的信号呢？在蛇的两套系统——眼睛和红外感受器中，哪一套系统对蛇更重要？一套系统失灵后另一套系统还能行吗？两套系统是否可以来回切换？

有人在蛇的眼睛上贴上一片类似绝缘带的带子。当蛇蜕皮时，带子就会自

行蜕掉，而不会伤害蛇，非常安全有效。随后，研究人员对蛇的红外线受体也进行了同样的处理。结果发现，蛇的红外感受器官可以探测到波长短至 10 微米的波，这种波的辐射能量非常低。这意味着，一条蛇即使闭上眼睛也能够发现热血动物。而且蛇头部颊窝中的受体细胞还能感受不同的波长，这样不同的波长便可以构成一种"彩色视觉"。借助此法，研究人员发现如果蛇的眼睛闭上了，它就会调用红外感受系统。如红外感受系统被破坏，蛇就会调用自己的眼睛。显然，蛇能够在两套系统之间来回转换视信息。

爬行动物的繁殖

爬行动物也要繁殖后代，在这之前当然也要通过各种途径来获得配偶，如信号、色彩、气味等。有的爬行动物还必须经过一番争斗才能获得交配权，有时这种争斗是非常激烈的。

雄巨蜥的求偶方式很有意思。在繁殖季节，雄巨蜥会以摔跤定胜负来争夺交配权。两只雄巨蜥后腿站立，靠尾巴保持身体平衡，它们用前腿格斗，直到一方败下阵来为止。

鬣蜥的喉咙下方长着一块松弛下垂的皮肤，像一个袋子似的挂在胸前。在繁殖季节，为了赢得配偶的关注，鬣蜥会将这个"装饰袋"鼓得大大的，形成扇状，上面有淡淡的颜色，十分美丽。

响尾蛇是很痴情的，它们一旦相爱，便很难分开。一对情侣响尾蛇，总是同时行动，形影不离。交配对于响尾蛇来说是全天候的工作，最长时间可持续 25 个小时以上。

雌海龟找一个安全的地方掘洞筑巢，把卵产在洞穴内，并用沙

子盖好，任其自然孵化。大多数爬行动物的孵化方式都会如此。但鳄鱼和几种特殊的蛇以及蜥蜴会一直守在它们的卵旁，直到卵孵化出幼体来为止。

蛇的卵有些是在母体内

孵化，例如双带纹森林蝰蛇、响尾蛇等。这样就大大增加了幼崽的成活率。幼崽一生下来，便能自己行动。某些蛇在产卵时是用自己的身体把卵圈起来。通过肌肉的收缩，雌蛇身体会产生足够的热量让卵保持恒定的温度。

尼罗河鳄鱼被孵化出来以后，鳄鱼妈妈会用嘴含着它们来到池塘的安全地带，守护它们一段时间后慢慢离去。

爬行动物的卵

爬行动物是脊椎动物最先登陆的类群，其结构、机能也向着适应陆地生活进化。陆地繁殖是动物不依赖水环境的必要条件之一。爬行动物产带硬壳膜的卵，以抵御陆地环境压力和防止水分散失，从而完成陆地繁殖。因而，爬行动物卵壳在繁殖中起着重要作用。

爬行动物卵壳的基本结构由两层组成：外层是坚硬的钙质层，内层是由多层纤维组成的壳膜。爬行动物钙质层的主要化学成分是碳酸钙。研究表明：碳酸钙以两种形式存在：一是霰石状的碳酸钙晶体，如龟鳖类；二是方解石状的碳酸钙晶体，如鳄、有鳞类。钙质层是卵孵化过程中胚胎发育的钙源。钙质层多由一系列排列紧密或疏松的壳单位组成，壳单位又由许多晶体聚合而成。在壳单位之间，有些种类形成气孔，气孔是卵与环境进行气体、水交换的通道，如龟鳖类。壳单位的顶端伸入纤维层，从而和壳膜紧密相连，壳单位伸入纤维层的深浅随种类不同而不同。爬行动物的壳膜由多层纤维组成，纤维的层数存在着差异。组成纤维层的纤维形式各异，有杂乱无章的，也有接近平行的；有紧密的，也有疏松的。卵壳刚性与柔性的区别主要取决于钙质层相对壳膜的厚度，如果壳单位紧密排列，钙质层的厚度大于壳膜厚度，卵壳趋向刚性；反之，壳单位排列疏松，钙质层厚度小

于或等于壳膜厚度，则趋向于柔性。

爬行动物的卵的成分主要是蛋白质，此外还含有一些微量元素。大约经过几个月甚至更长时间，爬行类的幼虫才会破壳而出。

爬行动物的运动方式

爬行动物不一定只是爬行，它们的运动方式也是多种多样的，有的爬、有的跑、有的游、有的钻洞、有的攀爬、有的甚至会飞。

蛇没有足，只能依靠长有鳞片的皮肤紧贴在地面上，用黏附在肋骨上的肌肉推动身体前行。蛇的爬行姿势有四种：迂回式、折叠式、直线式和横向式。蛇很擅长攀爬和游泳，有些蛇甚至还会飞。

在温润的河岸上，鳄鱼往往腹部贴着地面左右摇摆着前进，但在干燥的地面上，它们通常支起身体行走。为了捕捉猎物，一些鳄鱼甚至能向前小步跳跃，时速在 18 千米左右。

海龟在陆地的爬行速度非常慢，但它在海里却游动自如。海龟用扁平的腿，在水中有节奏地向前划水游动。

爬行动物中的"杀手"——鳄鱼

平静的河面上有两个小突起在移动，一般不会引起人们的注意，但千万不要小视它们，很有可能小突起的下面就是"冷血杀手"——鳄鱼，它们是现存最大的爬行动物。它们身披鳞甲，力量巨大，可谓是"湿地之王"。

小档案：

中文名：短吻鳄
类　别：爬行类
寿　命：80～100 年
分布地：西半球沼泽地区

鳄鱼是世界上最大且最危险的爬行动物。它们常常潜伏在水中或泥塘边等待猎物的到来。鳄鱼大都生活在热带和少数温带地区，白天在太阳底下取暖，夜晚则回到温暖的水里。

鳄鱼的"防水设备"很独特：嘴巴和喉咙被一种覆盖在颚上的骨质皱襞隔开，耳孔里的鼓膜紧闭起来，鼻孔内的活门自动关闭。眼睛上还覆盖着一层透明的眼睑，形成了一层很好的保护膜。

鳄鱼的眼睛长在头部较高的位置，它们潜伏在水中的时候，只露出一双眼睛来观察周围的动静。鳄鱼的眼睛能够看到三维物体，在眼

睛后方还有一个膜，可以使更多的光线反射进来，所以鳄鱼的夜视能力非常好。

鳄鱼隐藏在水里的时候，看起来像一截枯木或一块岩石，这样有利于猎物自投罗网。鳄鱼往往选择隐藏在河岸边、水塘边、斜坡上……总之是猎物容易滑倒的地方来进行捕猎。

鳄鱼肾脏的排泄功能很差，体内的盐分必须靠开口位于眼睛附近的盐腺来排泄。鳄鱼吞食猎物的时候，嘴巴张大便会压挤盐腺，流出"泪"来。

尼罗河鳄鱼严格地按年龄和性别组成不同的团体共同生活在一起。在一个群体中，往往是由体形最大的雄鳄鱼或攻击性比较强的鳄鱼掌握着领导权。

尼罗河鳄鱼主要生活在湖泊和河流中。它们以偷袭捕食那些下河饮水的动物为主，将猎物拖入水里，使其溺水而亡。尼罗河鳄鱼的求偶表演是很精彩的，雄鳄会守护着一段河岸，大声吼叫着，严禁其他鳄鱼闯入。当雌鳄被其吸引而游向这边时，雄鳄便兴奋地摆动身体，将水从鼻孔内射向天空。

湾鳄是极其危险的动物，体重可达1000千克，体长一般为六七米，最长可达10米，真可谓是"鳄中之王"。由于湾鳄生活在海水

中，所以又被称为"咸水鳄"。湾鳄生性凶猛，并且会随着年龄的增长而变得更加凶猛。

扬子鳄是中国所特有的，它们也是我国境内唯一的鳄类爬行动物，属于国家一级保护动物。在所有的鳄种类中，只有扬子鳄和美洲的密西鳄生活在温带地区，所以到了寒冬，它们必须到地下洞穴进行蛰伏。

扬子鳄的洞穴非常复杂。四周布满了逃生用的洞口，而且都隐藏在草丛中，穴道纵横交错。洞内有很多小室：有冬眠时卧室，有平时的休息室，还有可供它们洗澡用的水潭等。

恒河鳄生活在印度北部的江河里，嘴巴又长又窄，牙齿异常尖锐，有利于捕鱼。它们主要的食物就是鱼。恒河鳄从不侵害人类，但是会吃漂浮在恒河上的死尸。

美洲短吻鳄是西半球最大的爬行动物。它们一般生活在有河流的沼泽地里，捕食一切可以制服的动物。每到夏天，洼地里就会积满水，从而成为鳄鱼们嬉戏打闹的乐园，于是，当地人称这些洼地为"鳄鱼洞"。冬天一到，短吻鳄们就会选择较浅的洞穴进行冬眠，洞内温度有时只有0℃左右。

小百科：

扬子鳄又称中华鳄，俗称土龙、猪婆龙，分布于长江中下游地区。曾因农田施用化肥以及人为的捕杀，其数量急剧减少，现在成为禁猎的保护动物。

无脚的爬行动物——蟒蛇、毒蛇

大多数人在谈到蛇时，就会联想到巨大的蟒蛇和拥有剧毒的眼镜蛇。其实，它们不会主动攻击人类，只有少数蛇类有可能攻击人。蛇是一种很聪明的动物，毒蛇虽然会伤人，但它也能救人，蛇毒可以入药，医用价值极高。

小档案：

类　　别：爬行类

科　　属：眼镜蛇科眼镜蛇属

分布地：印度、中国、孟加拉等

蟒蛇是一种原始蛇类，它们身体巨大，分布广泛，主要分布于全球的热带和温带的一些地区。蟒蛇多为陆栖或半水栖，也有少数树栖。蟒蛇身体粗壮，体色多为褐色、绿色或淡黄色，并布满了斑纹或菱形的花纹。

蟒蛇是一种独居动物，它们不进行社会性活动，只是在交尾和产卵时才会与同种类的蛇相聚一会儿。蟒蛇经常缠绕在树干上或盘绕在岩石下。

蟒蛇擅长运用埋伏战术。但有时也依靠舌头、味觉细胞或感觉器官来寻找猎物的位置。蟒蛇总是喜欢用身体把选定的猎物缠绕起来，使其窒息而死。如果猎物是小

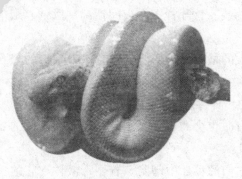

型动物，它们会将上下颌张开，用力咬住猎物然后一口吞食。

蟒蛇捕到猎物以后，无论猎物多么巨大，它们都会一口吞下。它们把嘴张得大大的，同时，颈部和身体的皮肤也会膨胀开来，这样便于吞食巨大的猎物。

全世界的毒蛇大约有四百种，占所有蛇类的1/6。蛇的毒液是一种非常复杂的化学物质，它有利于分解猎物的身体组织，使其容易被消化。但毒蛇毒液的主要作用是麻痹和杀死猎物，或用来自卫。

巨蚺擅长用身体缠绕猎物，使其窒息而死。巨蚺的分布很广，从沙漠到森林，都有它们的踪迹。巨蚺擅长伪装，这主要依靠其身体复杂的图案来迷惑猎物。

水蟒的身体很长，体重也很大，喜欢爬树，但更多的时间是生活在浅水区域或岸边。水蟒经常在水边捕食来此饮水的动物。水豚是它们最喜欢吃的猎物之一，此外还有乌龟和短吻鳄。

绿蟒喜欢生活在树上。它们把亮绿色的身体缠绕在树枝上，静静地等候鸟或其他动物靠近。一旦有猎物进入它们的攻击范围，绿蟒便会迅速将猎物缠起来，使其窒息而亡。

竹叶青遍布于山区溪边的草丛里、灌木上或竹林中，体色为绿

色，这样便形成一种良好的伪装。竹叶青多在夜间活动，以蛙、蜥蜴、鸟和鼠类为食。

印度眼镜蛇是印度耍蛇人的最爱，它们能随着耍蛇人吹奏的音乐翩翩起舞。

眼镜王蛇是世界上最毒的一种毒蛇，它们主要以其他蛇类为食。眼镜王蛇喜欢在白天活动，有时也会袭击人类，与其他蛇类不同的是，它们能用棍棒和树叶筑巢。

珊瑚蛇长得很漂亮，在它们的毒牙中却隐藏着剧毒液体，它的毒液属于神经性毒液。一条珊瑚蛇的毒，可以轻而易举地夺去一个强壮成年人的生命。

小百科：

眼镜蛇在捕食的时候，常会使用各种计谋，像露出尾巴轻轻晃动，那些无知的小动物误以为是蚯蚓，便走过来，眼镜蛇突然发起攻击，将它们捕获，成为自己口中的美食。眼镜蛇毒可治疗多种疾病，也是优良的镇静剂和凝血剂。

哺乳动物

BURU DONGWU

什么是哺乳动物

动 物是自然界的重要组成部分，是人类在地球上相互依存的伙伴，但由于恶劣的自然环境和一些人为因素的影响，有些动物已灭绝或濒临灭绝，这就要求人们更多地了解动物、保护动物，最终达到人与动物、人与自然的和谐相处。

什么是哺乳动物

哺乳动物的身体大多可分为头、颈、躯干、尾和四肢五个部分。哺乳动物大都体外长着毛，体温恒定，体腔分为胸腔和腹腔两部分，智力和感觉系统都比较发达。

哺乳动物的"衣服"

哺乳动物的皮肤致密，有着重要的保护作用和良好的透气性。哺乳动物的皮肤还可以控制体温，适应多变的外界条件。哺乳动物皮肤的质地、颜色、气味、温度等能与环境条件相协调。哺乳动物的皮肤结构完善，由表皮和真皮组成，表皮的表层为角质层，表皮的深层为活细胞组成的生发层。表皮有许多衍生物，如各种腺体、毛、角、爪、甲、蹄等。真皮发达，由胶原纤维及弹性纤维的结缔组织构成，两种纤维交错排列，其间分布有各种结缔组织细胞、感受器官、运动神经末梢及血管、淋巴等。在真皮下有发达的蜂窝组织，绝大多数哺乳动物在此储藏着丰富的脂肪，故称为皮下脂肪细胞层。哺乳动物的毛是哺乳动物所特有的结构，为表皮角化的产物。毛由毛干及毛根组成。哺乳动物的毛干是由皮质部和髓质部构成；毛根生于毛囊里，外被毛鞘，末端膨大呈球

状称毛球，其基部为真皮构成的毛乳头，内有丰富的血管，可输送体毛生长所必需的营养物质。在毛囊内有皮脂腺的开口，可分泌油脂，润滑毛、皮；毛囊基部还有竖毛肌附着，收缩时可使毛直立，有助于调节体温。

按毛的形态结构，我们可将毛划分为长而坚韧并有一定毛向的针毛（刺毛）、柔软而无毛向的绒毛，以及由针毛特化而成的触毛。哺乳动物体外的被毛常形成毛被，主要机能是绝热、保温。水生哺乳动物基本上是无毛的种类，如鲸，有发达的皮下脂肪以保持体温的恒定。毛常因磨损而退色，通常每年有一两次周期性换毛，一般夏季毛短而稀，绝热力差，冬季毛长而密，保温性能好。

陆栖哺乳动物的毛色与其生活环境的颜色常保持一致，通常森林或浓密植被下层的哺乳动物的毛颜色较暗，开阔地区的呈灰色，沙漠地区多呈沙黄色。

 ## 哺乳动物的骨骼

哺乳动物的骨骼系统发达，支持、保护和运动的功能完善，其主要由中轴骨骼和附肢骨骼两大部分组成。

哺乳动物骨骼在结构和功能上主要的特点是：头骨有较大的分化，具有两个枕骨踝，下颌由单一齿骨构成，牙齿异形；脊柱分区明显，结构坚实而灵活，颈椎7枚；四肢下移至腹面，出现肘和膝，可将躯体撑起以适应在陆地上的快速运动。

哺乳动物的骨骼包括颅骨、脊柱、胸骨及肋骨。

颅骨：由于哺乳动物的脑、感官的发达以及口腔咀嚼的产生，因而哺乳动物的颅骨相当大。颅腔由额骨、顶骨、枕骨、蝶骨、筛骨、鳞骨、鼓骨等构成，其中枕骨、蝶骨、筛骨等均由多个骨块愈合而成，骨块的减少和愈合使头骨坚而轻。

脊柱：由一系列椎骨组成，可分为颈椎、胸椎、腰椎、荐椎和尾椎五部分。颈椎骨通常为 7 节，只有少数种类为 6 节（如海牛）或 8～10 节（如三趾树懒），绝大多数的哺乳动物无论颈的长短都是 7 节颈椎。

　　附肢骨骼：包括肩带、腰带、前肢骨、后肢骨。哺乳动物锁骨多趋于退化，有的无锁骨，如奇蹄类和偶蹄类。而在适于攀缘、掘土和飞翔生活的类群中锁骨则发达。可见锁骨发达程度与前肢活动方式关系密切，凡前肢从事前后活动的种类其锁骨退化，前肢从事左右活动的种类其锁骨发达。腰带由髂骨、坐骨和耻骨构成。髂骨与荐骨相关节，左右坐骨与耻骨在腹中线愈合成一块髋骨，构成关闭式骨盘。哺乳动物的腰带愈合，加强了对后肢支持的牢固性。前肢骨及后肢骨：其结构与一般陆生脊椎动物的模式类似，但前后脚掌（跖）、指（趾）骨，随不同的生活方式而大有变化，如蝙蝠为翼状肢，鲸为鳍状肢，奇蹄类、偶蹄类为捷行肢。

暴力的婚恋

　　和其他熊科动物一样，北极熊平常也过着单身生活，只有在每年 3 月—6 月才会和异性小聚片刻。不过北极熊的婚恋方式比较暴力，即便面对心仪的雌性北极熊，也要通过激烈打斗来向其表达爱意。

哺乳动物的肌肉

　　哺乳动物的肌肉系统与爬行类基本相似，但其结构和功能均进一步完善。其主要特征为：四肢及躯干的肌肉具有高度可塑性。为适应其不同运动方式出现了不同的肌肉模式，如适应于快速奔跑的有蹄类及食肉类四肢肌肉强大。皮肌十分发达，哺乳动物的皮肌可分为两组：一组为脂膜肌，可使周身或局部皮肤颤动，以驱逐蚊蝇和抖掉附着的异物。脂膜肌还可把身体蜷缩成球或可以把棘刺竖立，以防御敌害，如鲮鲤、豪猪、刺猬。哺乳动物中高等的种类脂膜肌退化，仅在胸部、肩部和腹股沟处偶有保留。哺乳类动物另一组皮肌为颈括约肌，其表层的颈阔肌沿颈部腹面向下颌及面部延伸，形成颜面肌及表情肌。哺乳类动物中的低等种类无表情肌，食肉动物

猫科动物中霸主
　　狮子是世界上唯一的一种雌雄两态的猫科动物，雄狮的颈部长满了长长的鬣毛。

有表情肌，灵长类的表情肌发育良好，而人类的表情肌最为发达，约有三十块。围绕口周围有复杂的唇肌，在吮吸中发挥了十分重要的作用。此外，分布于颅侧和颧弓，止于下颌骨（齿骨）的颞肌和嚼肌强大，这与捕食、防御以及口腔的咀嚼密切相关。膈为哺乳动物所特有的肌肉，为一横位的随意肌，把内脏腔分隔成胸腔和腹腔，膈的活动有助于呼吸的顺畅。

哺乳动物的求偶

动物们在发情期，总会进行一场求偶竞争。求偶决斗是残酷的，只有胜者才能获得交配权，甚至是享用食物的优先权，而失败者只能等待下次机会，或者在伤病中孤独的死去。

九十月份是白唇鹿的繁殖期。雄鹿之间经常展开激烈的求偶战斗。"斗士们"洪亮的叫声响彻整个山野。战斗结束后，有的雄鹿断角、瘸腿，遍体鳞伤，有的甚至在角斗中力竭而死。

一对雌雄猩猩"成婚"以后，便不允许别的雄猩猩打扰了。但

如果闯入的第三者比自己强大，原配丈夫就只好乖乖地让出自己的"爱妻"。

处于发情期的雌性大熊猫，经常会引发数只雄性大熊猫的争斗。而最终的雄性总冠军将与这只雌性大熊猫相伴一生。

每个成年雄海豹都有"三妻四妾"，它们一起生活，俨然一个大家庭。一个繁殖期来到时，那些"未婚"的雄海豹便会集结成群，向"已婚"的雄海豹们发起猛烈的集体攻击，无数颗牙齿在撕咬，一时间血肉横飞。

雄象为了争夺交配权，相互之间必须展开一场激烈的搏斗。它们把长长的象牙当做武器，将对手的头抵住，身体猛烈抵触，并扇动着大耳，吼声震天，直到有一方败下阵来，这场战斗才算结束。

温顺的雄骆驼为了争夺"爱人"，也会变得异常暴躁。它们主要的决斗方式是摔跤：把脖子伸入对手的两只前脚间，一晃头，将对方绊倒，它们甚至用牙齿狠咬对方。

哺乳动物的伪装

有些哺乳动物具有伪装技巧，让自己的外形或颜色变得与周围环境浑然一体，来躲避敌人的追捕。如岩羊的体色与山地的石头非常相似。

斑马的身上都长着深色的条纹，这些条纹看起来就像是抽象派

艺术家的绘画。阳光或月光使斑马的条纹愈加显得模糊不清，远远望去，很难将其与周围的环境区分开来。

金钱豹的皮毛是金黄色的，上面点缀着深褐色的斑点，看起来就像树叶底下忽隐忽现的阳光。披着这样的"衣服"，它们就可以悄悄地追踪猎物而不用担心被猎物发现了。

非洲狮的皮毛呈黄褐色，这与非洲的热带稀树草原颜色颇为相似，在追踪猎物时，它可以令猎物浑然不觉。它们在大草原上为所欲为地捕杀羚羊、斑马等食草动物，奔跑起来的非洲雄狮犹如一道急驰的闪电。

树獭的动作非常迟缓，所以很不利于躲避危险。但它们有一个绝招：就是将自己藏在一簇绿色枝叶丛中。原来，树獭的毛发里长着许多绿藻植物，这使它的皮毛变成了绿色。

雪兔生活在北极苔原地带，那里夏天苔藓繁盛，冬天白雪皑皑。雪兔的皮毛夏天呈灰褐色，冬天则变成了白色，这使得它们的天敌北极狐很难找到它们。

蝙蝠总在白天睡觉，晚上觅食。所以它们的体色一般呈棕色、黑色或黄色，能够完全融入夜色中。这样，它们便能准确地捕捉到猎物，而猎物却很难发现它们的身影。

北极狼生活在极地地带。这些地区的地面非常平坦，掩蔽物极少。每逢冬天来临，北极狼的皮毛便会变成白色，与周围的环境融为一体，这使它们很容易接近麝牛和驯鹿等猎物。

哺乳动物的防御武器

肉食动物总是捕食植食动物和弱小的肉食动物。为了反抗和逃生，被捕食动物在进化过程中各显神通，具备了一定的防御和逃生本领。

这些本领可分为三大类：物理的，如偶蹄目动物的角；化学的，如有毒恶臭液体；生物的，如河豚毒素。

大角羊的统治权是根据它的弯角大小而决定的。坚硬的弯角，在激烈的冲撞下，可将敌人撞伤。在抵御敌人的过程中，羊角是强有力的防御武器，即使凶猛的食肉动物面对这对大角也会惧怕三分。

河马长着许多尖锐的大牙齿，这便是它们打斗和御敌的武器。两只雄河马相对着"打哈欠"是它们即将开始战斗的信号。

鼷鹿长得很像没有长角的小鹿。由于没有角，鼷鹿在捕食者面前显得非常柔弱。但它们的犬齿却很发达，露在外面形成獠牙，看起来很凶狠。

象的长鼻子除了辅助自己完成饮水、取食活动之外，还可以卷起敌人，将其抛到一边。象还有一对强有力的象牙，又长又粗，也是防御和攻击对手的理想武器。

一些动物的毛呈刺状，如刺猬和豪猪，这种毛是动物有效的防御武器。行动迟缓的刺猬，遇到危险时，就会将毛刺竖起来，并蜷缩成一个硬邦邦的刺球，令敌人无从下手。

犰狳长着一身结实的骨片，除了嘴巴和四肢外，它们从头到尾都被板状鳞片覆盖着。遇到危险时，犰狳便会将身体蜷缩成一个硬球来保护自己。

哺乳动物的胎生哺乳

哺乳动物完善了在陆上的繁殖能力，后代的成活率大大提高。而其后代的成活是通过胎生、哺乳实现的。

绝大多数的哺乳动物为胎生，即它们的胎儿通过胎盘与母体联系并获取营养，在母体内完成胚胎发育。胎盘是由胎儿的绒毛膜与母体子宫壁的内膜结合形成的结构。绒毛膜上有大量的指状突起，犹如树根一样插入子宫内膜。子宫内膜上有母体的血液循环系统，指状突起上有胎儿的循环系统，两者的血液循环系统不连通，但只隔一层极薄的膜。通过胎盘，胎儿与母体可以交换营养物质和代谢废物。胎盘的功能相当于胎儿肺、肝、小肠和肾的功能，可分为尿囊、绒毛膜与母体结合紧密的蜕膜胎盘和结合不紧密的无蜕膜胎盘两类，前者包括环状胎盘和盘状胎盘物，后者包括散布状胎盘和叶状胎盘。从卵受精到胎儿产出的期限为妊娠期。一般一种动物的妊娠期相对稳定。胎儿发育完成后产出，称为分娩。

胎儿产出后，母体用乳汁哺育幼体，称为哺乳。哺乳是哺乳动物的共同特征。胎生为发育着的胚胎提供了保护。营养及稳定的恒温发育条件，减少了外界不利因素对胚胎的影响。哺乳为后代提供

了充足的营养，有利于幼体的迅速成长发育。

哺乳动物的捕猎方式

　　非洲狮总是集体伏击猎物。首先，狮群中的雌狮将猎物包围起来，一起将其咬死，然后雄狮跑过来，吃掉大部分，再由雌狮和幼狮吃掉其余的"残羹剩饭"。

　　鬣狗总是悄悄地跟在狮群后方。在狮群饱餐之后，它们才乘机奔向猎物，咬下一块肉就跑；或者一拥而上，把剩下的残肉吃得丝毫不剩。

　　金钱豹非常善于爬树，经常爬到树上捕食猿、猴和鸟雀；或者趴在树杈上，待鹿、野羊或野兔等经过时，便从天而降，杀它们一个措手不及。

　　海豹是北极熊的美食，但它们常常潜到浮冰之下，只是偶尔才出来透透气。因此北极熊会一直守候在它们的通气孔旁，只要海豹一浮出洞口，北极熊就迅速地用前掌击碎海豹的头骨，将其拖出冰面吃掉。

足智多谋的穿山甲

穿山甲主要分布在亚洲的南部和非洲地区。全身裹满了坚硬鳞片的穿山甲总是给人以凶猛的印象。其实，穿山甲是一种性情温顺的哺乳动物，因其能够消灭破坏森林的害虫——白蚁，故被世人喻为"森林的忠诚卫士"。

小档案：

类　别：哺乳类
科　属：鳞甲目穿山甲科
体　长：50～100厘米
分布地：亚洲南部和非洲

穿山甲常栖息于丘陵杂树林等潮湿地带，属夜行动物。它们只在夜晚出来觅食，一旦听到声响，就立刻挖洞把自己隐藏起来。穿山甲擅长掘土，在挖洞时，它们的前后肢有着合理的分工，前肢挖洞，后肢刨土，转眼间洞就成形了。它们还擅长另一种掘土方式，即用前爪将土挖松，然后，整个身体钻进去，竖起鳞片拉住松土迅

速后退。据统计，穿山甲每小时的掘土量非常大，甚至与自身重量不相上下。穿山甲几乎全身长满了角质鳞。这种鳞片既可以在挖洞时发挥作用，又可以在逃避敌害时，当做铠甲保护自己。

穿山甲的住所常常根据季节和食物的变化而改变。冬季，天气寒冷时，它们喜欢居住在背风向阳且地势低矮的山坡上；夏季，天气炎热时，它们便转移到通风凉爽的山坡处。

穿山甲于每年的 4 月—5 月完成交配，其他的时间，它们喜欢独居。穿山甲的产崽期为冬末或第二年初春，一般每胎产 1～3 个幼崽。穿山甲在长大前，常常伏在母体的背上活动。

穿山甲是哺乳动物，主食蚁类，特别是白蚁，偶尔也吃蜜蜂等昆虫的幼虫。

穿山甲的视觉和听觉极差，只能借助嗅觉来寻找蚁穴。它的嘴里没有牙齿只有一条细长的舌头，能从口中伸出舔取食物。

当穿山甲发现蚁穴后，它们便伸出像弯钩一样的利爪，左扒右掘，将蚁群从穴中赶出，然后，它再伸出细长的舌头向蚁群横扫过去，成百上千只蚂蚁便成为它的美食。蚁群进入胃后，胃中的角质膜和吞进去的小沙粒共同发挥作用，将食物碾碎，从而进行消化。

白蚁的存在严重影响了农业、林业的发展，而穿山甲是白蚁的死对头。一只穿山甲一天就可以吃掉 1 千克的白蚁。而这 1 千克白蚁 1 天内能破坏 153 平方千米山林。因此，穿山甲是森林的忠诚守

珍贵中药

　　穿山甲的鳞片是一种非常珍贵的药材，称之为麒麟片、山甲片，能够起到的降低血液粘度以及抗炎的作用，如今，穿山甲已成为濒危动物。

护者。

　　有趣的是穿山甲竟然足智多谋，有时它们会设下圈套，让蚂蚁自动来送死。穿山甲先在蚁穴边躺下装死，一股浓烈的腥气从它们张开的鳞片里散发出来，飘向蚁穴。蚂蚁们闻到气味后纷纷出洞，把装死的穿山甲当做丰盛的大餐，蜂拥而上。这时，穿山甲把全身的肌肉紧缩，合拢鳞片，大部分蚂蚁就被关在了鳞片内。穿山甲带着满身的蚂蚁跳进池塘，将蚂蚁抖落在水面上，然后，穿山甲就伸出舌头细细品尝战利品。不一会儿，水面上的蚂蚁就被吃光了。利用这种方法，不费吹灰之力，穿山甲就能捕食大量的蚂蚁。

　　小百科：

　　穿山甲亦称"鲮鲤"，属于哺乳纲，鳞甲目，穿山甲科。穿山甲体长一般为40～55厘米，尾扁而粗，头小，吻尖，口耳和眼都小，无齿，舌细长、四肢短，爪强壮、锐利。在亚洲主要产于中国、越南、缅甸、尼泊尔等地。

有情有意的大象

　　曾经有一位探险家讲述过这样一个故事：一头象崽刚出生不久就不幸死去了，象妈妈每天都在象崽的尸体旁边徘徊，怎么都不忍心抛弃死去的象崽。直到尸体都腐烂了，象妈妈还试图用自己的长牙托着这具腐烂的尸体一起走，也不肯丢下。

小档案：

类　　别：哺乳类

科　　属：长鼻目象科

寿　　命：70～80 年

分布地：非洲、亚洲

　　大象是自然界中非常富有智慧的动物，它们虽然看起来很愚笨，行动起来也很笨拙，可憨厚的大象却非常关心同类，它们十分团结，感情丰富，特别是还富有正义感，爱憎分明。

　　大象不但聪明，还非常有灵性，如果老象预感到自己的生命即

将结束时，便会悄悄离开象群，走到已选定的"墓地"，静静地死去。有人曾在非洲的一个国家公园里看到了大象的"葬礼"：一头象死了，一群大象在头象的带领下用鼻子挖掘泥土，然后卷起树枝、石头、土块等掩埋这只死去的大象，地面上堆起了一个

土堆，大象们将土堆踩平踏实。一座坚固的"象墓"就这样成形了。最后，象群在头象的带领下围绕"象墓"缓步而行，仿佛在告别。三天三夜后，这群大象才离去。

大象的"情深义重"还表现在对于人类"养育"之情的依恋。

在乌克兰的一家动物园里，有一位饲养员陪伴一头雌象整整20年。后来饲养员退休了，这头雌象便不肯吃东西，就这样一天天消瘦下去。直到饲养员再次出现在它的面前，才肯吃东西。

曾经有一个动物园里饲养了一头大象，一位饲养员与这头大象朝夕相伴已有很多年了。后来，这位饲养员离开了动物园，那头大象竟然从那以后不再吃东西，无论人们怎么想办法，大象都不为所动。最终这头大象活活饿死在了这个动物园内。

还有一个动物园里，一位大象饲养员因意外而丧生，从那以后，他生前饲养的一头老象就整天不再吃喝，眼泪涟涟。

大象对自己爱的人和同类都非常"情深义重"，但对伤害自己的人也绝不"手软"。

在一个动物园里，一名游客

用香蕉逗大象，当大象伸出长鼻子来取时，他用针扎了一下象鼻子。大象立刻缩回了长鼻子，走开了。但当这位游客在动物园里逛了一圈，再经过象宫时，那头被扎的大象突然卷起他头上的帽子，将帽子撕碎，然后抛了出去。这名游客顿时被吓得目瞪口呆，大象却长鸣一声，甩着长鼻子满足地走了。

还有一件有趣的事：越南有个裁缝正在窗边缝衣服，一头大象突然把鼻子伸了进来，裁缝下意识地用手中的针扎了一下大象的长鼻子，大象痛得逃开了。过了不久，这头象再次来到那个窗口，用长鼻子里吸的水把那个裁缝喷得满身都湿透了。

在塞内加尔的一个国家公园里，三个偷猎者射伤了一头大象。这头受伤的大象被激怒了，向偷猎者冲过去。有两个人逃跑了，另一个人惊慌中爬上了一棵大树。愤怒的大象用鼻子将树连根拔起，将那个人摔昏过去，然后大象上前几脚，将那个人踩成了"肉饼"。

你看，大象的"重情重义"与"疾恶如仇"是不是很有大侠的"风范"呢！

小百科：

大象的鼻子除了具有呼吸和嗅觉功能，还具有很多其他动物无法比拟的功能，如象鼻子能自由蜷曲，捡拾东西；可以把水吸进鼻子，再喷到嘴里；还可以用鼻子吸水洗澡等。大象的鼻子还是它最有力的武器，可以用来自卫。

"国宝" 大熊猫

大熊猫学名猫熊，是我国特有的珍贵动物。大熊猫性情比较孤僻，除了繁殖期外，总是独来独往。它们最喜欢吃竹叶、竹笋，也爱捕食竹鼠。大熊猫因其美丽的皮毛、憨态可掬的模样，受到了世界人民的喜爱。

小档案：

类　别：哺乳类

科　属：大熊猫科

寿　命：约十五年

分布地：中国四川

杂食性

大熊猫的祖先是食肉动物，至今它们仍然保留着祖先的一些特性。在条件允许的时候，它们仍然要吃肉。

大熊猫属大熊猫科的一个单属单种，其体形较大，外形像熊，毛色黑白相间，但头较圆像猫，故而得名。大熊猫主要生活在竹林中，因此俗称"花熊"或"竹熊"。

大熊猫身长大约在 1.2～1.5 米，体重 50～80 千克，但在人工饲养条件下，最大个体的体长可达 1.8 米，体重近 200 千克；体毛以白色为主，但四肢与肩胛部有连片的黑色

毛区，眼部、耳部、鼻端和尾端也皆为黑色。

大熊猫有"活化石"之称。据古生物学研究，大熊猫起源于更新世早期，在更新世中期最为繁盛，其化石遍及中国秦岭和长江以南诸省，在陕西北部、山西、北京等地也有发现。由于人类社会的不断发展，生态环境遭到破坏，导致大熊猫数量急剧减少。

据统计，目前大熊猫仅生存在四川、甘肃及陕西的部分地区，大熊猫的保护工作日益紧迫。

小百科：

大熊猫对生活环境的要求很高，它既怕酷热，又畏严寒。大熊猫冬季不冬眠，一年四季都在活动，它还有随气温变化进行迁移的习性。大熊猫性情温驯，不怕人，行动很迟缓，会游泳，擅长爬树，喜欢剥树皮，爱吃新鲜竹叶……